Lorenz S. Forchhammer / Elke Lorenz / Marco Stoll

Zielsicher entscheiden

Zielsicher entscheiden

Wie Führungskräfte komplexe Situationen meistern

von

Lorenz S. Forchhammer
Elke Lorenz
Marco Stoll

Luchterhand
eine Marke von Wolters Kluwer Deutschland

Bibliografische Information der Deutschen Nationalbibliothek

Die Deutsche Nationalbibliothek verzeichnet diese Publikation in der Deutschen Nationalbibliografie; detaillierte bibliografische Daten sind im Internet über http://dnb.d-nb.de abrufbar.

ISBN 978-3-472-07711-4

www.wolterskluwer.de
www.personalwirtschaft.de

Luchterhand – eine Marke der Wolters Kluwer Deutschland GmbH

Lektorat: Andrea Porschen
Herstellung: Michael Dullau

Umschlaggestaltung: Konzeption & Design, Köln
Cover-Illustration: Ute Helmbold, Essen
Satz: MainTypo, Frankfurt am Main
Druck: Wilhelm & Adam OHG, Heusenstamm

Gedruckt auf säurefreiem, alterungsbeständigem und chlorfreiem Papier.

Vorwort

Als Unternehmer stehe ich den meisten kollektiven Entscheidungen mit großen Vorbehalten gegenüber. Dies liegt nicht am Potenzial, das kollektive Entscheidungen (zumindest in der Theorie) haben, sondern an der erlebten Wirklichkeit, in der sie häufig zu faulen Kompromissen, endlosen Debatten und unrealistisch komplexen Ergebnissen führen, die sich in der Praxis nicht umsetzen lassen. Zugleich sind mir die Risiken einsamer Entscheidungen wohl bewusst: Sie werden vorhandener Komplexität nicht gerecht und von den Betroffenen oft nicht mitgetragen.

Lorenz Forchhammer, Elke Lorenz und Marco Stoll legen mit ihrem Buch »Zielsicher entscheiden« einen Leitfaden vor, mit dem sich komplexe Entscheidungsprozesse effektiv steuern lassen. Komplexe Entscheidungen sind dabei solche von hoher inhaltlicher und sozialer Komplexität, die nicht mehr von einer Person allein geplant und umgesetzt werden können. Das trifft vor allem in größeren Unternehmen auf sehr viele Entscheidungen zu. Besonderes Augenmerk richten die Autoren in diesem Zusammenhang auf die soziale Komplexität, an der Entscheidungen häufig scheitern: Frustrierte »Mitspieler« geben sich nicht mit Almosen ab, sondern lassen das Spiel platzen. Genau da liegen oftmals die größten Defizite der Entscheider: Wie ist mit hoher sozialer Komplexität umzugehen? In der Schule oder im Studium haben wir es ja nie gelernt; und in den ersten Jahren der Ausübung fachlicher Tätigkeiten bei einem Unternehmen in der Regel auch nicht. Hier bietet »Zielsicher entscheiden« mit einem exzellenten Methodenteil und zahlreichen Praxisbeispielen konkrete Unterstützung.

Forchhammer, Lorenz und Stoll konstatieren nicht einfach nur (wie so viele andere Autoren es je nach persönlicher Überzeugung tun), dass beispielsweise intuitive Entscheidungen gut oder schlecht, dass basisdemokratische Entscheidungen sinnvoll oder nicht sinnvoll seien etc. Stattdessen zeigen sie differenziert sowohl die Potenziale als auch die Fallstricke und Grenzen unterschiedlicher Vorgehensweisen auf, sodass klar wird, wann etwa intuitive Entscheidungen ihre Berechtigung haben und wann nicht. Dabei berücksichtigen sie auch neueste Forschungsergebnisse aus den Neurowissenschaften. Zudem räumen sie mit den üblichen verbreiteten Plattitüden auf, zum Beispiel damit, dass Entscheidungen nur dann von allen Betroffenen mitgetragen würden, wenn auch alle am Entscheidungsprozess beteiligt waren. In manchen Fällen ist dies eben durchaus anders.

Ich bin überzeugt davon, dass es Führungskräften und Entscheidungsträgern mit Hilfe dieses Buches gelingt, das Potenzial, das in gemeinschaftlichen Entscheidungen steckt, in der Praxis auch auszuschöpfen. Natürlich reicht es nicht, das Buch einfach nur zu lesen. Man muss, wie in allen Bereichen, in denen man zur Meisterschaft gelangen will, die Methoden trainieren oder sich einen erfahrenen Leiter von Entscheidungsprozessen dazuholen. Von zentraler Bedeutung ist in diesem Kontext die Fähigkeit der Achtsamkeit bei den Führenden. Achtsamkeit führt zu echter Souveränität. »Erfahren führen«, das Motto der Autoren, findet sich hier in ganzer Tiefe wieder.

Ehrenkirchen,
im Dezember 2009

Stefan Merath
Unternehmer und Unternehmercoach

Inhalt

1 Entscheidungen verstehen

Manche Menschen lieben Entscheidungen, jeden Tag und in jeder Größenordnung. Andere tun sich schwerer und zögern auch scheinbar einfache Entscheidungen hinaus. Beiden Gruppen ist gemeinsam, dass sie oft kritisiert werden; erstere, weil sie als Innovationstreiber angeblich »über Leichen gehen«, und die Zögerlichen, weil sie nicht endlich »vorwärts machen.« Die Entscheidungsfreudigen geraten unter Druck, weil sie etwas entschieden haben, das nicht allen Betroffenen passt, oder weil ihre Entscheidung nicht zum erhofften Resultat führt. Die Unentschlossenen geraten unter Druck, weil sie – vermeintlich – nicht entschieden haben und das Resultat der Nichtentscheidung auch nicht den Erwartungen entspricht. Wie man es auch macht: Es ist falsch!

Wie das folgende Beispiel zeigt, ist die Welt in der Tat voller Fehlentscheidungen und Nichtentscheidungen, die vom Publikum je nach Befindlichkeit amüsiert oder frustriert zur Kenntnis genommen werden.

Berliner Zeitung, 14. Dezember 2005

Eine teure Fehlentscheidung

Rechnungsprüfer kritisieren, wie blauäugig das Innenministerium einen Mietvertrag abschloss

Eigentlich sollte es die beste Lösung sein, doch nun erweist sich die Unterbringung des Bundesinnenministeriums zur Miete in einem Bürogebäude in Alt-Moabit als teure Fehlentscheidung. [...]

Obwohl zahlreiche Mängel des Gebäudes überwiegend schon vor Abschluss des Mietvertrages erkennbar gewesen seien, habe das Ministerium die Mängel erst im Nachhinein festgestellt, moniert der Rechnungshof. Darunter fallen fehlende repräsentative Räume des Gebäudes, Räume ohne Fenster und der teilweise unzweckmäßige Schnitt der Büros. [...] Ansprüche gegen den Vermieter, zum Beispiel auf Mietminderung, seien aber nicht durchgesetzt worden, kritisiert der Rechnungshof. Schlimmer noch: als schon bekannt gewesen sei, welche Mängel es gibt, seien im Jahr 2001 noch weitere Flächen im gleichen Haus angemietet worden. [...]

Erstmals zu kündigen ist der Vertrag zum 31. Juli 2016. Das Innenministerium zahlt laut Vertrag für eine Fläche von 30639 Quadratmetern 570571 Euro monatlich [...]

Kann man überhaupt richtig entscheiden oder ist Entscheiden reine Glücksache? Die einen versuchen es mit Intuition, die anderen mit Wissenschaft und Dritte überlassen es dem Schicksal oder dem Horoskop, für sie die Wahl zu treffen.

Um es gleich zu Beginn zu sagen: Ob eine Entscheidung »richtig« ist oder nicht, das heißt, das erwünschte Resultat bringt oder nicht, weiß allein die Zukunft.

»An irgendeinem Punkt muss man den Sprung ins Ungewisse wagen«, wird Lee Iacocca häufig zitiert. »Erstens, weil selbst die richtige Entscheidung falsch ist, wenn sie zu spät erfolgt. Zweitens, weil es in den meisten Fällen so etwas wie eine Gewissheit gar nicht gibt« (Iacocca 1988). Diese Sichtweise teilen wir und haben unser Buch für die Mutigen geschrieben. Also für alle, die in dem Wissen, dass Entscheidungen keinen Garantieschein haben, bewusst entscheiden wollen. Allen anderen können wir leider nicht helfen.

»Weniger ist mehr«, lautet das Credo von Gerd Gigerenzer, der seit 1997 das Max-Planck-Institut für Bildungsforschung in Berlin leitet. »Entscheidungsstrategien, die möglichst vereinfachen und sich auf das Wesentliche konzentrieren, sind erfolgreich. [...] Ein ganz essenzielles Prinzip, das man verstehen muss, heißt Robustheit. Menschliches Entscheiden muss gar nicht optimal sein, es ist sogar besser, wenn es nicht optimal ist, denn Optimalität ist immer definiert zu bestimmten Annahmen aus der Vergangenheit. Und wenn sich die Zukunft ändert, ist optimal nicht mehr optimal. Sondern es muss robust sein. Das bedeutet: Wir brauchen Strategien, die auch noch gut sind, wenn sich die Zukunft entsprechend verändert, und die sozusagen die Essenz der Information haben und den Rest ignorieren« (zitiert aus dem Dokumentarfilm »Blackbox Gehirn: Eine Reise zu unseren Entscheidungen«, Deutschland 2008, Autor: Alexander Schlichter, ZDF und HR).

Was aber ist eigentlich eine Entscheidung? – Das Leben ist voller Wahlmöglichkeiten, und jede Wahlmöglichkeit erfordert eine Entscheidung. Wir können die Entscheidung, welche Option wir wählen, spontan aus dem Bauch heraus treffen. Wir können uns aufgrund von Fakten, Analysen und strategischen Überlegungen entscheiden. Wir können die Entscheidung anderen überlassen. Und schließlich können wir so lange warten, bis keine Wahlmöglichkeit mehr besteht und wir einfach den Sachzwängen gehorchen müssen. In den beiden letzteren Fällen handelt es sich nur vermeintlich um keine Entscheidung. Denn wir können uns – bewusst oder unbewusst – dafür entscheiden, nicht selbst zu entscheiden. Auch diese Art von Entscheiden hat Konsequenzen, wie das folgende Beispiel deutlich macht.

SPIEGEL ONLINE, 5. August 2008

Freddie-Mac-Chef soll interne Warnungen ignoriert haben

Schwere Vorwürfe gegen das Top-Management des US-Hypothekenfinanzierers Freddie Mac: Angeblich wusste Konzernchef Richard Syron schon lange um die prekäre Situation des Unternehmens. Warnungen von Mitarbeitern soll er jedoch ignoriert haben. [...]

Wir können fundierte oder wendiger fundierte Entscheidungen treffen. Fundiert bedeutet in diesem Zusammenhang: unter Berücksichtigung der relevanten Faktoren, zum Beispiel Zeit und Umweltbedingungen, unter Einbeziehung der betroffenen Menschen und unter Nutzung eigener und fremder Ressourcen, wie Erfahrung, Wissen und Intuition. Manchmal können oder müssen wir uns aber auch spontan entscheiden, jetzt gleich, in diesem Moment. Solche spontanen Entscheidungen treffen wir etwa beim Autofahren, in einer Kundenverhandlung, beim Handeln an der Börse und in vielen anderen Situationen. Zwischen fundierten und spontanen Entscheidungen gibt es Abstufungen. Die Herausforderung liegt darin, zu verstehen, wann welche Vorgehensweise die richtige ist.

Oft genug wählen Menschen die falsche Vorgehensweise, wie jener CEO, der nach wenigen Gesprächen innerhalb des Vorstandes und auf Anraten externer Experten per Dekret entschied, welche neuen Hierarchieebenen es ab sofort in seinem Unternehmen geben sollte und mit welchen amerikanischen Titeln sie zu bezeichnen seien, und das an allen Standorten weltweit. In seiner früheren, homogenen und von den USA geprägten Branche funktionierte diese Struktur. Dass er das Konzept aber in eine andere Branche übertrug, erwies sich als unklug. Seine Entscheidung war zu wenig fundiert. Denn zum einen haben Titel in unterschiedlichen Ländern unterschiedliche Bedeutungen. So ordnet man in der amerikanischen Wirtschaftswelt einen Vice President bei den höheren Führungskräften ein. In vielen europäischen Ländern wird der Begriff Präsident aber als Spitzenposition verstanden, und ein Vice President ist nicht weit darunter angesiedelt. Zum anderen lassen sich Titel auch nicht ohne Weiteres in jede Sprache übersetzen. Es ist wenig sinnvoll, aus dem Vice President einfach einen Vizepräsidenten zu machen. Wie sollen das etwa Kunden in Deutschland verstehen, die kein oder wenig Englisch sprechen und nur in ihrem lokalen Markt operieren?

Unklug war die Entscheidung des CEO auch deshalb, weil sie aufgrund von Erfahrungen und Überzeugungen gefällt wurde, die im aktuellen Umfeld nicht mehr relevant waren. Und die Personen innerhalb der Organisation, die es hätten besser wissen können, hatte der CEO nicht einbezogen. Kein Wunder, dass kurz nach seinem Abgang die Titel schleunigst wieder geändert wurden.

Fundierte Entscheidungen sind zwar nicht per se richtig, führen aber in den meisten Situationen mit größerer Wahrscheinlichkeit zum gewünschten Resultat. Die Entscheidung der Regierungen von Deutschland, Österreich und der Schweiz im Juli 2009, das Staudammprojekt Ilisu in der Türkei nicht mit Exportgarantien zu unterstützen, war vermutlich fundiert. Ob sie richtig war, wird man aber erst in ein paar Jahren sehen: Wird der Staudamm trotzdem gebaut? Gehen Arbeitsplätze in den drei Ländern verloren, weil die Aufträge an Firmen aus anderen Staaten vergeben werden? Tritt die ökologische Katastrophe ein, die dem Bau vorhergesagt wurde?

Entscheiden heißt also, eine Wahl zwischen verschiedenen Optionen zu treffen. Spontane Entscheidungen werden intuitiv getroffen. Oft ist das angemessen, vor allem dann, wenn die Erfolgschancen für die Umsetzung der Entscheidung hauptsächlich vom Entscheider selbst abhängen. Fundierte Entscheidungen sind dagegen eine sorgfältige und bewusste Wahl zwischen zwei oder mehr Möglichkeiten unter Berücksichtigung relevanter Faktoren und unter Nutzung eigener und fremder Ressourcen. Vor allem in Situationen, in denen die Erfolgschancen für die Umsetzung der Entscheidung von anderen Personen abhängen, sind fundierte Entscheidungen die bessere Wahl.

Falls Ihr persönliches gutes Gefühl bezüglich der Richtigkeit einer Entscheidung mit den ebenso persönlichen, guten und richtigen Gefühlen anderer Menschen nicht zusammenpasst, dann haben Sie eine weitere Wahl: Sie können es mit Überreden, Überzeugen oder mit Druck versuchen. Oder aber Sie wählen einen strukturierten Entscheidungsprozess, wie wir ihn in diesem Buch skizzieren.

Dieses erste Kapitel erklärt aus verschiedenen Blickwinkeln, was komplexe Entscheidungssituationen ausmacht und worauf es ankommt, wenn man sie erfolgreich meistern will. Es erläutert die Gründe und Hintergründe menschlichen Entscheidungsverhaltens, sozusagen die Theorie, die Führungskräfte in Entscheidungssituationen kennen und berücksichtigen sollten. Darauf aufbauend beschreibt das zweite Kapitel Schritt für Schritt den Ablauf eines Entscheidungsprozesses nach einem Drei-Phasen-Modell. Es zeigt, was im Hinblick auf den jeweiligen Entscheidungsgegenstand und die beteiligten Personen zu beachten ist und welche Ergebnisse jeder Schritt des Entscheidungsprozesses haben muss, damit der nächste sinnvoll ist. Das dritte Kapitel bietet für jede der drei Phasen eine Sammlung praxiserprobter Methoden, die Führungskräfte mit Erfahrung in der Leitung von Gruppen einfach anwenden können.

1.1 Was beim Entscheiden in Kopf und Bauch abläuft

Entscheidungen haben eine logische Seite, erfordern den Einsatz von Vernunft und richtigem Denken. Doch an jeder Entscheidung sind auch Emotionen beteiligt, die sich für oder gegen etwas starkmachen. Es sind die »Stimmen« bzw. die körperlichen Ausprägungen dieser Emotionen, die wir wahrnehmen, oft ohne sie benennen zu können. Je komplexer eine Entscheidungssituation ist, desto gravierender werden oder scheinen die darin enthaltenen Konsequenzen. Entsprechend heftig fallen auch die Hochs und Tiefs aus, durch die wir während eines Entscheidungsprozesses gehen, und wir geraten unter Spannung. Verschiedene Emotionen (von lat. movere = bewegen) treiben uns in verschiedene Richtungen. »Zwei Seelen wohnen, ach! in meiner Brust, die eine will sich von der andern trennen«, beklagt Doktor Faustus in Goethes Meisterwerk den Schmerz des Entweder-oder.

In unserer modernen Geschäftskultur ist ein sicheres Zeichen dafür, dass dieser Punkt erreicht ist, der Ruf nach Sachlichkeit und dem Ausblenden von »unnötigen Emotionen«. Die innere Spannung kommt daher, dass man sich nicht mehr als Herr oder Frau seines Wollens fühlt. Was man in diesen Situationen spürt und sich nicht gerne eingestehen will oder kann, ist die Angst vor Kontrollverlust. Je mehr Erwartungsdruck auf einem Menschen lastet, desto größer ist die Angst, die Kontrolle zu verlieren. Um dieser Angst zu begegnen und möglichst schnell wieder alles unter Kontrolle zu haben, setzt die geplagte Psyche zwei bevorzugte Strategien ein: Vereinfachen und Beschleunigen. So kann man die Sache vermeintlich schnell hinter sich bringen und den Druck loswerden.

Tatsächlich aber geht es gar nicht um den Gegensatz von Logik und Intuition, von Sache und Emotion. Ein Teil der Komplexität von Entscheidungsprozessen liegt gerade darin, dass beide Aspekte – die Sachlichkeit und die Emotionalität – einen wichtigen Platz im Prozess haben. Deswegen ist es im wahrsten Sinne des Wortes entscheidend, der Versuchung einer schnellen Lösung nicht nachzugeben.

Emotionen sind – ob uns das gefällt oder nicht – Teil des Entscheidungsprozesses. Sie gehören jedoch an den richtigen Platz und in sinnvoller Weise eingebunden. Es ist ebenso unsinnig, sie zu ignorieren, wie sie zum allein bestimmenden Faktor zu machen. Emotionen können nicht ausgeschaltet, sondern nur in den »Untergrund« verdrängt werden, von wo aus sie sich dann eben unkontrolliert ihren Weg an die Oberfläche suchen. Dies geschieht meist über die vermeintliche Sachebene. So wird dann zum Beispiel argumentiert, dass »es schließlich eine Tatsache sei, dass der Betriebsrat nie zustimmen wird.« Erstens ist dies eine Behauptung, im besten Fall eine Vermutung, und zweitens stecken hinter einer solchen Äußerung immer Emotionen. Wer gelernt hat, auf den Klang der Stimme oder die Anspannung der Gesichtsmuskeln seines Gegenübers zu achten, der weiß Bescheid.

Dass Intuition hilfreich ist, wissen wir ja eigentlich und nutzen sie täglich. Auch Führungskräfte verlassen sich immer wieder auf ihr Bauchgefühl und tun gut daran, denn Intuition baut auf Erfahrungen auf, deren Herkunft wir in der Regel allerdings längst vergessen haben.

Der Grund für unsere während eines Entscheidungsprozesses üblichen Stimmungsschwankungen liegt darin, dass wir über ein urzeitliches Gedächtnis bezüglich dessen verfügen, was uns gut tut und was uns schadet, was wir suchen und was wir meiden sollten. Das funktioniert ungefähr so: Eine Region in unserem neurozerebralen Apparat (dem Gehirn und dem Nervensystem) gleicht unsere Wahrnehmungen der äußeren Welt mit bereits gemachten Erfahrungen ab und gibt eine biologische Rückmeldung: »Stopp« oder »Go«. – »Nichts wie hin!« oder »Nichts wie weg hier!«. Diese Form der Rückmeldung ist aber weder Wort noch Bild, sondern ein Körpergefühl, eine innere Bewegung: die Emotion. Verantwortlich dafür sind Hormonausschüttungen und andere biologische Interventionen, die Drüsen anregen oder Muskeln durch Glukosetransporte lauf- oder kampfbereit machen, die den Blutdruck hochfahren und uns Schauer über den Rücken jagen. Der Gehirnforscher Antonio Damasio hat diese biologischen Reaktionen auf unsere Wahrnehmung der Umwelt als »somatische Marker« bezeichnet.

Dahinter stehen viele Jahre spannender Forschung, die mit Damasios Patienten Elliot im Jahr 1982 begann. Als Elliot erstmals die Praxis Dr. Damasios betrat, hatte er gerade die Entfernung eines Tumors im Kortex (Hirnrinde) hinter sich. Diese Operation hatte auf das Leben des Vaters und Ehemanns, der Führungskraft und des engagierten Bürgers, gravierende Auswirkungen. Obwohl sein IQ immer noch so hoch war wie vor dem Eingriff, war Elliot nicht mehr in der Lage, Entscheidungen zu treffen. Routineaufgaben, die er früher in ein paar Minuten erledigen konnte, beanspruchten nun Stunden, weil er zwanghaft jedes letzte Detail reflektieren musste. Seine Freunde und Familienmitglieder beschrieben ihn zudem immer häufiger als gefühlsarm, und Damasio selbst erinnert sich wie folgt: »Er war immer kontrolliert, beschrieb alles als leidenschaftsloser, unbeteiligter Beobachter. [...] Ich sah nie eine Spur von Emotion in all den vielen Stunden meiner Konversation mit ihm: keine Trauer, keine Ungeduld, kein Frust« (Damasio 1995, S. 44).

Damasio schloss Elliot an ein Gerät an, das die Schweißbildung auf der Haut misst, und zeigte ihm Bilder, die bei Menschen normalerweise unmittelbar Emotionen auslösen: einen abgetrennten Fuß, eine nackte Frau, ein brennendes Haus. Das Ergebnis war immer dasselbe: Elliot fühlte offenbar nichts. Es stellte sich nun die faszinierende Frage, wie das Nicht-Fühlen-Können mit dem Nicht-

Entscheiden-Können zusammenhing, denn bislang war die Neurowissenschaft davon ausgegangen, dass Gefühle irrational seien. Deshalb hätte es einem gefühlsarmen Patienten wie Elliot eigentlich besser statt schlechter gelingen müssen, Entscheidungen zu treffen.

Dass Emotionen eine zentrale Rolle in menschlichen Entscheidungsprozessen spielen, und dass wir – abgeschnitten von unseren Gefühlen – auch Banales überhaupt nicht mehr entscheiden können, war eine überraschende Erkenntnis. Sie stand in absolutem Widerspruch zu dem bisherigen Idealbild von Rationalität, die ihren Sitz im Frontalkortex (dem vorderen Hirnlappen) haben sollte. Bis dato wurde der Frontalkortex als Meisterstück der Evolution angesehen, das uns hilft, die emotionale »Einmischung« aus den älteren Hirnregionen, wie zum Beispiel dem limbischen System, zu ignorieren oder gar zu unterdrücken. Diese Theorie ist inzwischen widerlegt.

Heute wissen wir, dass der Orbitofrontalkortex, ein Teil der vorderen Hirnrinde, die hinter den Augen sitzt, dafür zuständig ist, die Emotionen aus den tiefer liegenden Hirnregionen in Entscheidungsprozesse zu integrieren bzw. alles miteinander zu verbinden. Er bringt die Gefühle aus den verschiedenen, sogenannten primitiven Bereichen des Gehirns zusammen und lenkt sie ins Bewusstsein. Es sind gerade die älteren Hirnregionen, die unsere Wahrnehmungen der Welt – in der Regel vollkommen unbewusst – bewerten, sie als attraktiv oder gefährlich einstufen. Gefühle helfen uns, auszuwählen, was wir erstreben oder vermeiden. Wenn das Bindeglied Orbitofrontalkortex aufgrund eines Unfalls oder eines operativen Eingriffs ausfällt, ist die Verbindung zu jenem Erfahrungsschatz gekappt, auf den wir uns in jeder Sekunde unseres Lebens verlassen. Dann wissen wir einfach nicht mehr, warum wir beispielsweise lieber dieses oder jenes Essen wählen sollen, weil wir nicht mehr auf die Gefühlsregungen zurückgreifen können, die auf unseren Erfahrungen beruhen.

Jonah Lehrer beschreibt in seinem Buch *The Decisive Moment* den Orbitofrontalkortex (OFC) als »eine der wenigen Regionen im Gehirn, die bei Menschen markant größer ist als bei anderen Primaten. Während ursprünglich vermutet wurde, dass die Aufgabe des OFC sei, uns vor Gefühlen zu schützen und den Verstand gegen Gefühle zu stärken, ist seine tatsächliche Funktion exakt das Gegenteil. Aus der Perspektive des menschlichen Gehirns ist homo sapiens das emotionalste unter den Säugetieren« (Lehrer 2009, S. 25).

Wer also, etwa nach einer Hirnverletzung, die Fähigkeit verloren hat, seine somatischen Marker wahrzunehmen, kann nicht mehr einschätzen, was richtig oder falsch, was erstrebenswert und was schädlich ist, bevor es tatsächlich geschieht. Die somatischen Marker spielen eine wichtige Rolle in Entscheidungsprozessen, weil sie uns beim Prognostizieren viel schneller und treffsicherer helfen als jede gedankliche Logik. Das »gute Gefühl« oder dass uns etwas »Kopfzerbrechen bereitet«, ist genau das, was wir beschreiben, wenn wir einen somatischen Marker spüren. Funktionierende somatische Marker sind die Grundlage dessen, was wir Selbstsicherheit nennen.

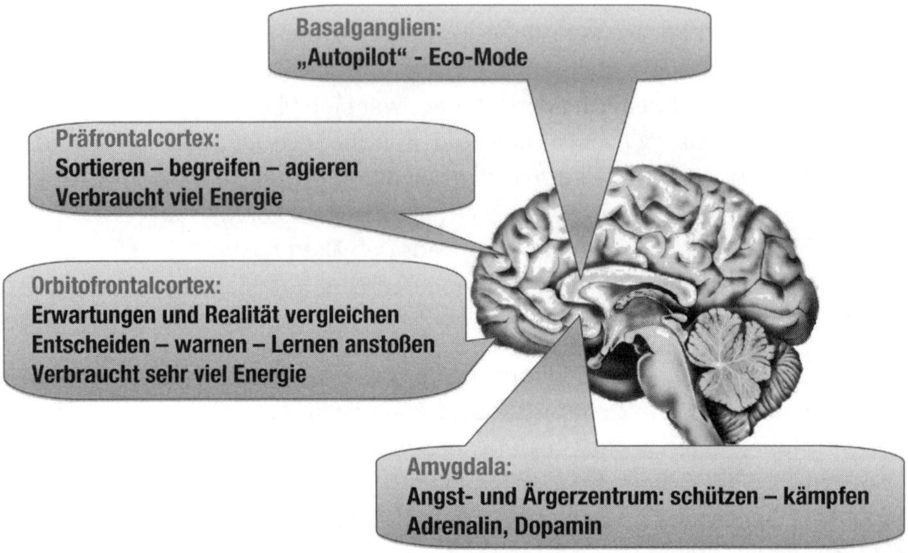

Abb. 1: Gehirnregionen und ihre Funktionen

Nur wer sicher fühlt, fühlt sich sicher. Nur wer seine Emotionen in so zuverlässiger Weise verarbeiten und integrieren kann, dass er/sie sich jederzeit darauf verlassen kann, erlangt die erforderliche Gewissheit, um eine Entscheidung treffen zu können. Deshalb müssen wir darauf achtgeben, dass wir die Wahrnehmung unserer eigenen Emotionen nicht verdrängen oder verschütten. Und wir müssen lernen, mit den menschlichen Reaktionsweisen umzugehen, die in Entscheidungsprozessen ausgelöst werden.

Wenn uns eine Sache zu kompliziert bzw. zu komplex wird, spüren wir, dass wir die Zuversicht verlieren. Wir beginnen, uns zu ärgern oder hoffnungslos zu werden, kurzum: der Selbstwert sinkt in den Keller und ein Kontrollverlust scheint sich anzubahnen. Dagegen wehren wir uns dann. Wir versuchen, diesen Prozess aufzuhalten, hineinzugrätschen, ihn zum Stoppen zu bringen. Das äußert sich in der Abwehr von Ideen, die wir nicht mögen, in der Abwertung anderer Menschen und ihrer Positionen. Es äußert sich auch in dem Versuch, ein Problem zu verharmlosen, es schnell vom Tisch zu bekommen, es irgendwohin zu delegieren, sowie in der Anfälligkeit für Pseudolösungen und in anderen Ausweichstrategien. Dem muss man widerstehen.

Eine weitere Reaktion auf drohenden Kontrollverlust ist der Versuch, möglichst schnell wieder Boden unter die Füße zu bekommen und die Zuversicht und

Handlungsfähigkeit zurückzugewinnen. Das führt leicht dazu, dass man Entscheidungen mit all ihren möglichen Konsequenzen nicht ausgiebig und gründlich genug überdenkt.

Außerdem reagieren wir auch auf innere Entscheidungsdilemmata: Sogenannte intrapersonelle Konflikte treten auf. Wir spüren unterschiedliche, sich widersprechende Antriebe und Wünsche und versuchen, diesem inneren Patt durch Aktionismus nach außen zu entkommen. Wir müssen also gewappnet sein, dem inneren Durcheinander bzw. der inneren Vielfalt standzuhalten.

Auf diese sozialen, emotionalen und atmosphärischen Faktoren sollte jeder, der komplexe Entscheidungen voranbringen möchte, ein Augenmerk haben. In den Beschreibungen der einzelnen Schritte im Entscheidungsprozess finden Sie jeweils Hinweise darauf, was Sie tun können, um die Handlungsfähigkeit in einer Entscheidungsgruppe aufrechtzuerhalten oder wiederherzustellen.

Sind diese emotionalen Spannungen und Schwankungen vermeidbar? – Nein, glücklicherweise nicht. Denn wenn es nicht knirscht, heißt das doch auch, dass die wesentlichen Dinge, für die sich der engagierte Einsatz lohnt, nicht wirklich berührt worden sind. In diesem Fall kann man den Entscheidungsprozess dann auch gleich sein lassen.

1.2 Ursachen für Irrtümer und Fehlschlüsse

Menschen besitzen zwei kognitive Systeme, mit denen sie sich auf der Welt zurechtzufinden versuchen: einen Autopiloten, der in der psychologischen Fachliteratur »System 1« oder »automatisches System« oder einfach »Intuition« genannt wird, und eine Steuerungskonsole, die »System 2« oder »reflektierendes System« oder »Nachdenken« heißt. Der Autopilot steuert uns unbewusst, unkontrolliert, mühelos, schnell, nach angeborenen oder erlernten Programmen und ist hoch effektiv in allen Situationen, in denen es auf Tempo und Routine ankommt, etwa beim Autofahren, Schachspielen, Musizieren oder Kampfsport. Die rationale Steuerungskonsole kommt beim Abwägen, Berechnen, Vergleichen und Organisieren zum Einsatz. Wer zum Beispiel eine neue Sportart oder ein neues Musikinstrument erlernt, braucht zunächst die bewusste Rationalität zur Steuerung der richtigen Bewegungen. Aber der Autopilot läuft gewissermaßen im Aufnahme-Modus immer mit, und wenn alle Bewegungsabläufe häufig genug richtig und gleichartig ausgeführt worden sind, übernimmt er die Steuerung und aus dem etudenhaftem Abspielen von Noten wird Musik.

In der Regel sind wir mit diesen kognitiven Systemen gut bedient, aber manchmal funktionieren sie beide gleichzeitig und durcheinander, und dann kommt Unsinn heraus. Beispiele dafür sind die beliebten optischen Täuschungen, die populären Irrtümer, über die es mittlerweile ganze Lexika gibt, oder einige der sogenannten Heuristiken (frei übersetzt = Denkpraktiken, von altgriechisch: heuriskein = (auf-)finden, entdecken).

Ende der 1970er Jahre haben die israelischen Wissenschaftler Daniel Kahneman und Amos Tversky damit begonnen, solche Heuristiken und die mit ihnen verbundenen Wahrnehmungsverzerrungen, die uns bei Entscheidungen leicht irreleiten können, grundlegend zu erforschen (Kahneman/Tversky 1979). Kahneman erhielt für seine Forschung 2002 den Nobelpreis für Wirtschaft. Im Folgenden stellen wir die Wahrnehmungsverzerrungen nach Kahneman und Tversky kurz vor.

Wahrnehmungsverzerrungen in Heuristiken

Ankerheuristik (anchoring effect): Wenn die Probanden in einer Versuchsgruppe zuerst gebeten werden, die letzten vier Ziffern der eigenen Sozialversicherungsnummer auswendig zu lernen, und dann die Anzahl der Ärzte in New York schätzen sollen, dann beträgt die Korrelation beider Zahlen etwa 0.4, also weit mehr, als dem Zufall entsprechen würde. Das heißt für Nichtstatistiker: Wessen Sozialversicherungsnummer hoch (z. B. 9.572) ist, der schätzt auch die Anzahl der Ärzte hoch ein; wessen Sozialversicherungsnummer niedrig (z. B. 2.189) ist, der schätzt auch die Anzahl der Ärzte niedrig ein. An die erste Zahl nur zu denken, beeinflusst die Schätzung der zweiten, obwohl es keine logische Verbindung zwischen beiden gibt. Ein Anker, also hier die Sozialversicherungsnummer, der als Ausgangspunkt in einem Einschätzungs- bzw. Entscheidungsprozess dient, beeinflusst die Einschätzung bzw. Entscheidung, und zwar unabhängig davon, ob die Information für die Entscheidung überhaupt relevant ist oder nicht. Solche uninformativen Anker, die sich trotz ihrer Irrelevanz auswirken, gelten als sehr robustes Phänomen bei Entscheidungsprozessen. Deshalb tut man gut daran, wann immer Schätzungen eine Rolle spielen, sich der Beeinflussbarkeit der menschlichen Schätzfähigkeit bewusst zu sein.

Verlustaversion: Wenn wir einmal etwas besitzen oder viel in eine Sache investiert haben, können wir kaum mehr davon überzeugt werden, dass es das Ganze nicht wert war. Die Furcht des Menschen vor Verlust ist doppelt so stark ausgeprägt wie sein Streben nach Gewinn. Dies führt häufig dazu, dass man auch Holzwege, zum Beispiel in der Entscheidungsfindung, erst dann verlässt, wenn das Scheitern bereits absehbar ist, weil man eben schon so viel investiert hat. Wer öfter bei Online-Auktionen mitbietet, kann in diesem Zusammenhang ein amüsantes Phänomen beobachten: Neuwertige Handys, beispielsweise aus Vertragsverlängerungen, erzielen bis einige Minuten vor Auktionsende Preise, die bei etwa 80 % dessen liegen, was man für ein neues Gerät bei Online-Händlern bezahlen muss. In der letzten Minute vor Auktionsende geschieht dann etwas Merkwürdiges. Die letzten Bieter, vom Jagdfieber gepackt, überbieten sich im 5-Sekundentakt gegenseitig so weit, dass schließlich ein Preis entsteht, der oft deutlich höher ausfällt als der Neuwert des Gerätes bei einem regulären Händler. Weil die Bieter ihre »Beute« nicht mehr loslassen wollen bzw. können, nehmen sie sogar unrealistisch hohe Preise in Kauf. Noch unvernünftiger erscheint die Angelegenheit, wenn man bedenkt, dass bei privaten Auktionen die Rechte des Käufers (Rückgabe, Garantie etc.) derart beschnitten sind, dass auch 80 % des Händlerneupreises immer noch kein Schnäppchen sind.

Präsentationseffekt: Eng verbunden mit der Verlustaversion ist der Umstand, dass die Beschreibung ein und derselben Sache als Verlust oder als Gewinn die Entscheidungsfindung stark beeinflussen kann, selbst wenn beide Aussagen inhaltlich identisch sind. Wenn Sie sich etwa einer Bandscheibenoperation unterziehen müssten und Ihr Arzt eröffnet Ihnen, dass das Risiko ernster bleibender Schäden bei 15 % liegt, würden Sie sich operieren lassen? Wenn er Ihnen aber erklärt, dass 85 % der Patienten die Operation absolut problemlos überstehen und wieder vollkommen gesund werden, dann klingt das doch ganz anders. Dieser Präsentationseffekt spielt nicht nur eine wichtige Rolle bei der Mitteilung von Entscheidungen an Betroffene, sondern vor allem auch bei der Formulierung von Entscheidungsproblemen. Die Frage »Wie verdrängen wir die

Wettbewerber?« wird andere Lösungen auf den Plan rufen als die Frage »Wie erhöhen wir unseren Marktanteil?«, obwohl es um dieselben Inhalte geht.

Status-quo-Verzerrung (status quo bias): Diese Verzerrung bezieht sich darauf, wie Menschen sich Informationen beschaffen. Sie neigen dazu, die Auswirkungen von Entscheidungen, die sie getroffen haben, genau zu beobachten, während sie die Konsequenzen jener Handlungsalternativen, die sie eben nicht gewählt haben, nicht mehr weiterverfolgen. Daher besteht grundsätzlich die Tendenz, den Status quo beizubehalten, weil man über die Alternativen weniger weiß und sie deshalb aus dem Blickfeld verschwinden. Dies machen sich zum Beispiel Anbieter von Abonnements und Fitnessstudio-Mitgliedschaften zunutze und profitieren von den Kunden, die lange nicht kündigen, obwohl sie das jeweilige Angebot gar nicht mehr benötigen bzw. in Anspruch nehmen. In Kenntnis der Status-quo-Verzerrung sind wir in Entscheidungssituationen aufgefordert, unsere Annahmen darüber, was veränderbar ist und was nicht, gründlich zu überprüfen.

Nähe-Verzerrung: Was wir kennen, beeinflusst, was wir für wahr halten. So ist die Angst beim Fliegen besonders nach Nachrichten über Flugzeugunglücke viel stärker ausgeprägt als die Angst beim Autofahren, obwohl das Risiko, an einem Autounfall Schaden zu nehmen, statistisch ungleich höher ist. Ebenso hängen Phänomene wie das der »gefühlten Inflation« damit zusammen, welche Art von Gütern man konsumiert und welche nicht. Die Kenntnis einer bestimmten Problematik verzerrt die Wahrnehmung in Richtung des Bekannten; andere Optionen werden ignoriert. Insbesondere bei der Abschätzung von Risiken ist es deshalb wichtig, nicht nur der Intuition zu folgen, sondern daneben auch Zahlen und Fakten zu prüfen.

Vermessenheitsverzerrung (overconfidence/overconfidentiality bias): So wird es genannt, wenn Optimismus Schaden anrichtet, etwa durch Überschätzung der eigenen Kenntnisse und Fähigkeiten, durch Überbewertung des eigenen Einflusses auf die Zukunft, durch Übermut oder durch Fehleinschätzung der Fähigkeiten von Konkurrenten. Vermessenheitsverzerrung ist eine positive Illusion, die Tendenz, sich selbst als überdurchschnittlich begabt, befähigt usw. zu bewerten. So glauben zum Beispiel 88 % der amerikanischen College-Studenten, dass sie besser als der Durchschnitt Auto fahren können, was weder statistisch möglich ist, noch mit Blick auf ihre Unerfahrenheit glaubhaft erscheint (Thaler/Sunstein 2008, S. 51). Vielleicht war es evolutionsbiologisch gesehen einmal sinnvoll, sich auch Raubtieren überlegen zu fühlen, wenn man der akuten Gefahr ausgesetzt war, eines überleben zu müssen. Und auch beim Sport kann eine Portion Siegesglaube die Performance verbessern. Aber beim Autofahren und bei unternehmerischen Entscheidungen ist das definitiv nicht der Fall. Hier ist testosterongesteuertes Handeln deutlich gefährlicher als überlegtes Handeln.

Leider ist die Einsicht in die Gefahren dieser Wahrnehmungsverzerrung unter Charismatikern und machtbewussten Führungskräften eher schwach ausgeprägt.

Fehler beim Schlussfolgern

Logikfehler unterlaufen uns manchmal, wenn der »gesunde Menschenverstand« regiert und uns einflößt, die Erde sei eine Scheibe, wenn wir also aus unserer begrenzten Wahrnehmung heraus generalisierende Überzeugungen entwickeln, wobei immer eine gewisse Fehleranfälligkeit besteht. Dazu ein kurzes Beispiel: Fakt 1, England ist tollwutfrei. Fakt 2, es gibt in England keine Störche. Schlussfolgerung: Störche verursachen die Tollwut. Dies nennt man einen Fehlschluss aus mangelnder Ursächlichkeit.

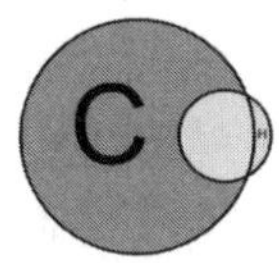

Ein zweites Beispiel: Cannabis wird mitunter als Einstiegsdroge für Heroin bezeichnet, und zwischen beiden Konsumentengruppen gibt es tatsächlich eine Überschneidung (in der Abbildung hellgrau). Die meisten Heroinkonsumenten (kleinere Fläche H) waren zuvor Cannabiskonsumenten (große Fläche C). Lässt sich daraus folgern, dass die Mehrheit der Cannabiskonsumenten später auf Heroin umsteigen wird? Gerd Gigerenzer verweist darauf, dass die Mehrheit der Cannabiskonsumenten an Heroin kein Interesse hat (verbleibender Rest der großen Fläche C). Aus der Aussage, »die meisten Heroinkonsumenten waren früher Cannabiskonsumenten«, zu folgern, »die meisten Cannabiskonsumenten werden Heroinkonsumenten sein«, ist ein logischer Fehlschluss (Gigerenzer 2004).

Um solche Fehlschlüsse gerade in Entscheidungssituationen zu vermeiden, müssen wir achtsam sein, unsere Schlussfolgerungen kritisch überdenken und für die Vollständigkeit und Folgerichtigkeit der inhaltlichen Argumentation Sorge tragen.

Die Macht des Herdentriebs

Dass Menschen in der Gruppe manchmal Dinge tun, auf die sie von alleine nie kommen würden, ist in Entscheidungsprozessen die relevanteste Ursache schlechter Entscheidungen. Der Fachbegriff hierfür heißt »Groupthink« und basiert auf empirischen Studien von Irving L. Janis und Leon Mann. Sie fanden heraus, dass vor allem Gruppen mit einem starken Zusammenhalt (Kohäsion) und anderen spezifischen Eigenschaften zu schlechten Entscheidungen tendieren (Janis/Mann 1977, Janis 1983). Ihr Groupthink-Modell beschreibt die jeweiligen Gruppeneigenschaften (Voraussetzungen), ihre Ausprägung als Symptome und ihre negativen Auswirkungen auf Problemlösungs- und Entscheidungsprozesse.

Voraussetzungen	Symptome	Defekte
▶ Gruppenkohäsion ▶ Strukturelle, organisatorische Schwächen ▶ Führungsschwäche ▶ Fehlen von Normen ▶ Homogenität der Gruppenmitglieder ▶ Provokative Situation: Stress durch externe Drohungen ▶ Temporär geringer Selbstwert, durch bereits begangene Fehler, aktuelle Schwierigkeiten und moralische Dilemmata	▶ Illusion der Unverletzbarkeit ▶ Glaube an die moralische Instanz der Gruppe ▶ Kollektives Rationalisieren ▶ Stereotypisierung der Fremdgruppe ▶ Selbstzensur ▶ Druck auf Abweichler ▶ Selbsternannte »Gedächtnispolizisten«	▶ Einseitige Auswahl der Alternativen ▶ Vor- und Nachteile werden unterschiedlich gewichtet ▶ Nach der Entscheidung werden die nicht gewählten Alternativen nicht mehr beachtet ▶ Einseitige Auswahl von Informationen ▶ Fehler im Erstellen von Kontingenz-Informationen

Abb. 2: Groupthink-Modell von Janis und Mann

Als Abhilfe empfehlen Janis und Mann vieles, was auch den von uns beschriebenen Entscheidungsprozess kennzeichnet (vgl. Kapitel 2):

- Zurückhaltung des Führenden: Lösungswege nicht vorab favorisieren, da sich andere in der Gruppe daran orientieren.
- Offenheit für andere Meinungen: alle Mitglieder der Gruppe ermutigen, Kritik zu üben.
- Minderheitenschutz: vor Abschluss des Entscheidungsprozesses sollten Minderheiten nochmals die Möglichkeit erhalten, ihre Sichtweise darzustellen.
- Heterogene Gruppen: Gruppen sollten möglichst heterogen zusammengesetzt werden.
- Interne und externe Kontrollinstanzen: ein Advocatus Diaboli sollte konstruktive Kritik üben und eine Atmosphäre schaffen, in der es leicht ist, Einwände zu formulieren.

- Gruppendynamische Vorgänge beachten: Gegenpositionen, Konkurrenz, Prestigedenken, Machtanspruch, Angst vor Gesichtsverlust, interne Koalitionsbildung, Sympathie oder Antipathie sind manchmal Ausdruck widerstreitender Bedürfnisse, Interessen oder Gefühle. Damit muss respektvoll und klärend umgegangen werden.
- Offenheit für Entscheidungsrevision: Weder Aufwandsrechtfertigung noch die Angst vor negativen Sanktionen sollten Gruppen daran hindern, Entscheidungen zu revidieren, wenn neue Informationen bzw. Gegebenheiten dies erfordern oder Wichtiges zuvor übersehen wurde.

Noch weiter als die Forschungsarbeiten zu Groupthink, die rein sozialpsychologisch ausgelegt waren, gehen neuere Untersuchungen, die auf Arbeiten von Salomon Asch aufbauen. Bekannt wurde Asch in den 1950er Jahren mit Experimenten, die zeigten, wie Konformitätsdruck eine Person derart beeinflussen kann, dass sie offensichtlich falsche Aussagen dennoch als richtig bewertet. Das ist dann etwa so, als würde jemand zustimmen, eine Katze auf einem Bild sei ein Hund, nur weil alle anderen im Raum dies behaupten. Richard Thaler und Cass Sunstein schreiben in *Nudge* zu diesem Phänomen:

> Aschs Ergebnisse sagen etwas ganz Grundsätzliches über das menschliche Verhalten aus, das auf der ganzen Welt gleich zu sein scheint. Ähnliche Untersuchungen wurden in 130 Experimenten in 17 Ländern angestellt. [...] Wenn alle in einem Raum eine Aussage akzeptieren oder Dinge auf eine bestimmte Weise sehen, kann es sein, dass man tatsächlich glaubt, dass die anderen Recht haben. Bemerkenswerterweise legen neuere Untersuchungen des Forschungszweigs Neuroimaging den Schluss nahe, dass Menschen in solchen Experimenten nicht nur vorspielen, sie seien der gleichen Auffassung, sondern die Dinge wirklich so sehen wie alle anderen (Thaler/Sunstein 2008, S. 88).

Interessant ist in diesem Zusammenhang die folgende Aussage von Gregory Berns und Kollegen in der Fachzeitschrift Biological Psychiatry: »Konforme Antworten gehen mit Veränderungen der perzeptuellen Eigenschaften des Gehirns einher und nicht mit Veränderungen im präfrontalen Kortex, der für bewusste Entscheidungen verantwortlich gemacht wird« (Berns et al. 2005, S. 245 ff.).

1.3 Alltägliche Entscheidungen im Leben einer Führungskraft

Der Alltag von Führungskräften und Führungsteams ist geprägt von Entscheidungen. Sie haben meist einen nachvollziehbaren Anlass, eine relativ transparente Interessenlage und eine übersichtliche Anzahl von Optionen. Das machen die drei folgenden Beispiele für Alltagsentscheidungen in Unternehmen deutlich:

- Ein mittelständisches Unternehmen, das für die Bauindustrie Befestigungssysteme herstellt, hat ein Budget von EUR 50.000 für Messebesuche. Allein im deutschsprachigen Raum gibt es jährlich sechs Messen, auf denen die Zielkundschaft des Unternehmens sich informiert. Ein Messeauftritt kostet die Firma mindestens EUR 20.000. Der Marketingvorstand muss nun entscheiden, bei welchen Messen die Firma vertreten sein soll und bei welchen nicht.
- Eine Gemeinschaftspraxis von fünf Ärzten hat seit vier Jahren einen Vertrag mit einem IT-Unternehmen, das Hard- und Software für Ärzte und Kliniken vertreibt. Man ist nicht restlos zufrieden, weiß aber von anderen vergleichbaren Gemeinschaftspraxen, dass diese bei ihren IT-Anbietern mit ähnlichen Problemen zu kämpfen haben. Soll man die Zeit aufwenden, einen neuen Anbieter zu suchen, oder den bestehenden Vertrag verlängern?
- In einem Labor der Kosmetikindustrie mit 14 Mitarbeitenden gehen in den nächsten Monaten gleich drei Mitarbeiterinnen in Mutterschaft. Wie bewältigt man die anstehenden Aufgaben?

Die meisten Entscheidungen des Alltags treffen wir spontan, weil die Lösung auf der Hand liegt und das Risiko einer Fehlentscheidung nicht sehr hoch ist. Wenn mehr auf dem Spiel steht, haben wir bestimmte Gepflogenheiten, wie wir die Sache behandeln, allein oder zusammen mit anderen. So sind in den drei Beispielen die Verantwortlichen auf folgende Weise zu einer Entscheidung gelangt:

Der Marketingvorstand der oben genannten Firma hat mit seinen Gebietsverantwortlichen die Messen mit Hilfe einer Entscheidungstabelle bewertet. Kriterien waren: Kundendichte im Einzugsgebiet der Messe, Anzahl von Konkurrenten vor Ort, Kosten des Messeauftritts und Erfahrungen vorheriger Messebesuche. Am Ende wurden zwei Messen ausgewählt und es wurden Maßnahmen diskutiert, durch die man die Kunden in den anderen Regionen trotz Nichtteilnahme an den jeweiligen Messen erreichen könnte.

Entscheidungstabelle Messe

		Baumesse Hamburg			Industriemesse Frankfurt			Bau + Architektur Zürich			Baumesse Stuttgart		
		Bewertung	Punkte	Gewichtet	Bewertung	Punkte	Gewichtet	Bewertung	Punkte	Gewichtet	Bewertung	Punkte	Gewichtet
Kriterien	Gewichtung												
Kundendichte im Einzugsgebiet	3	gering	1	3	sehr hoch	4	12	mittel	2	6	hoch	3	9
Konkurrenten an der Messe	1	alle	4	4	alle	4	4	wenige	1	1	die wichtigen	3	3
Erfahrung an der Messe	2	ok	2	4	sehr gut	5	10	keine	0	0	sehr gut	5	10
Kosten für Messe	3	28'000.00 €	2	6	33'000.00 €	1	3	12'000.00 €	4	12	21'000.00 €	3	9
Total				17			29			19			31

Abb. 3: Entscheidungstabelle (Beispiel)

Die Ärzte erstellten zusammen mit ihren Mitarbeitenden eine SWOT-Analyse. Sie dokumentierten die Stärken und Schwächen der Partnerfirma und überlegten sich dann, was die Chancen und Risiken eines Wechsels zu einem neuen IT-Anbieter sein könnten. Danach war klar, dass es sich eher lohnt, mit dem aktuellen IT-Partner die Bedingungen und Erwartungen zu klären, als die Kosten einer Umstellung auf sich zu nehmen. Die SWOT-Analyse ist auf Seite 125 des Methodenteils ausführlich beschrieben.

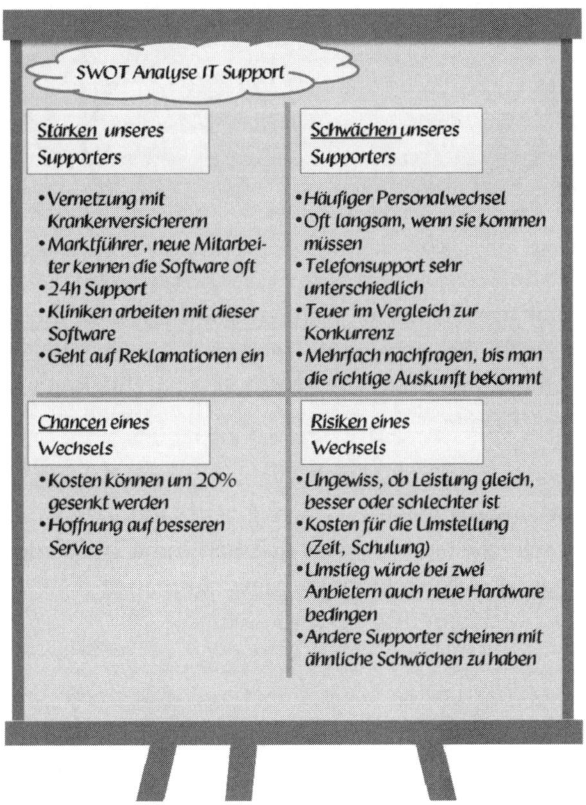

Abb. 4: SWOT-Analyse (Beispiel)

Der Laborleiter bat seine drei Teams mit Hilfe einer Szenario-Frage, Lösungen vorzuschlagen.

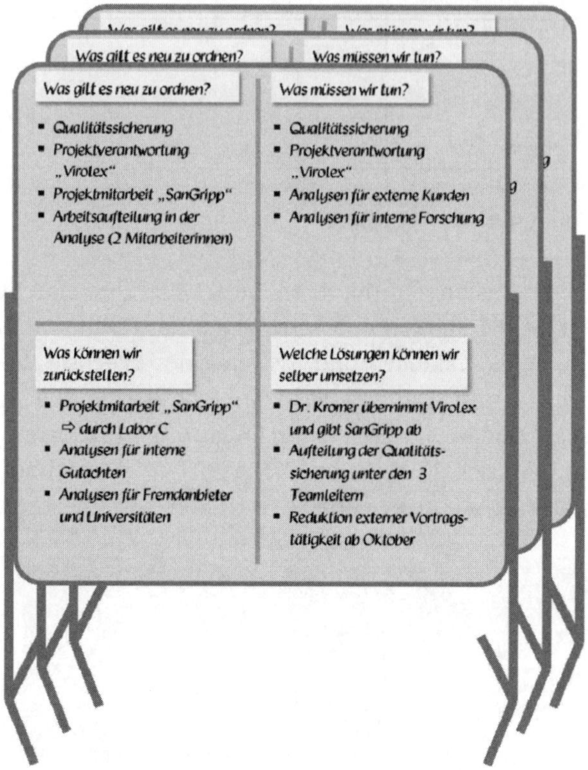

Abb. 5: Szenario-Frage (Beispiel)

Der Laborleiter und die Teamleiter wählten dann aus den drei Katalogen die wirkungsvollsten Maßnahmen aus und setzten diese um. Die Szenario-Frage, wie sie im Methodenteil auf Seite 127 ausführlich beschrieben wird, eignet sich auch für komplexe Themen.

In allen drei Beispielfällen gab es zu viele Wahlmöglichkeiten, als dass eine spontane Entscheidung sinnvoll gewesen wäre. Einige Optionen waren von Beginn an offensichtlich, manche mussten erst sichtbar gemacht werden. Die Situationen waren aber auch nicht so komplex, dass ein mehrstufiger, systematischer Entscheidungsprozess erforderlich gewesen wäre.

1.4 Was macht Entscheidungen komplex?

Beginnen wir mit einem Beispiel aus der Unternehmenspraxis: Ein mittelständisches Unternehmen, das Feuerlöschsysteme für LKW fertigt, muss sich der Situation stellen, dass der Wettbewerbsdruck durch die Globalisierung enorm angestiegen ist. Weil zuverlässige Spitzenqualität made in Germany ihren Preis hat, nicht nur bei den Personal-, sondern auch bei den Zuliefer-, Pacht-, Energie- und Transportaufwendungen, wird die Produktionsverlagerung ins Ausland zu einer ernsthaft zu prüfenden Option. Erste Studien haben als mögliche Standorte in Europa Ungarn oder Rumänien sowie Vietnam als möglichen Standort in Fernost identifiziert.

Eine solche Standortentscheidung ist eine sehr komplexe und vernetzte Angelegenheit, weil es neben vielen unterschiedlichen Fakten um die berufliche Zukunft von einigen hundert Mitarbeiterinnen und Mitarbeitern und deren Familien geht. Auch rechtliche und steuerliche Aspekte sind relevant. Darüber hinaus spielen bei Führungskräften Image- und Karriereaspekte eine Rolle, auch wenn sie nicht immer gleich offen thematisiert werden. Hinzu kommt, dass das Zeitfenster, innerhalb dessen die Entscheidung getroffen und nutzbringend umgesetzt werden kann, nicht beliebig lange offensteht.

Wie kann man eine so hohe Komplexität strukturieren? – Wie das Beispiel zeigt, hat die Komplexität von Entscheidungen mehrere Dimensionen. Aus deren Kombination ergibt sich einerseits die Gesamtkomplexität und andererseits der erforderliche Prozess der Entscheidungsfindung.

Inhaltliche Komplexität	Soziale/persönliche Komplexität
▶ Aktuelle Kosten und erwartete Kostenentwicklung in den Ländern ▶ Fragen der Rechtssicherheit ▶ Logistische Anbindung an die Weltmärkte ▶ Verfügbarkeit qualifizierter Mitarbeiter ▶ Der niedrigen Steuerbelastung im einen Land stehen erhöhte Rechtsunsicherheit und Korruption an anderen Standorten gegenüber. ▶ In einem Land gibt es qualifiziertes Personal bei hohen Lohnkosten; im anderen sind die Kosten niedrig, aber die Qualifikationen gering. ▶ Usw.	▶ Der Vorstandsvorsitzende steht wegen der Kosten unter großem Druck vonseiten des Aufsichtsrats. ▶ Der Leiter Produktion sieht hier die Chance, seine Stellung im Unternehmen als potenzieller Nachfolger des Vorstandsvorsitzenden zu festigen. ▶ Der Leiter Logistik will aus familiären Gründen Stuttgart auf keinen Fall verlassen, sieht aber ein, dass die Logistik an den Produktionsstandort gehört. ▶ Usw.

Inhaltliche Komplexität hat vier Faktoren: die Anzahl und die Vielfalt der Sachaspekte und Themen sowie deren Veränderungs- und Vernetzungsgrad.

Faktoren sozialer Komplexität sind: die Anzahl der Anspruchsgruppen und Betroffenen (Stakeholder), die Interessenvielfalt und die Machtverhältnisse sowie die emotionale »Ladung«, mit der ein Thema innerhalb einer Gruppe von Betroffenen behaftet ist.

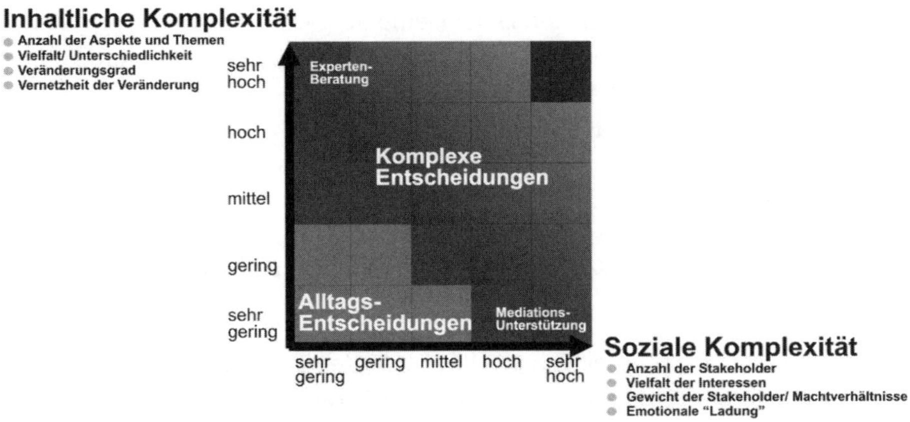

Abb. 6: Faktoren der inhaltlichen und sozialen Komplexität von Entscheidungen

Faktoren der inhaltlichen Komplexität

Die ersten beiden Faktoren inhaltlicher Komplexität sind die Anzahl der Sachaspekte und die Vielfalt der Themen. Entscheidungen werden inhaltlich komplex, wenn es Vieles und viel Unterschiedliches zu berücksichtigen gilt, weil wir Menschen nicht in der Lage sind, uns zwanzig Aspekte gleichzeitig zu vergegenwärtigen. Deshalb müssen wir die Menge und Vielfalt strukturieren, in logischen Ebenen organisieren, dokumentieren und zugänglich machen. Wir müssen uns einerseits um die Inhalte selbst kümmern und andererseits verstehen, wie sie organisiert sind, was wo steht und wie man Zugang findet. Das wiederum steigert die Komplexität.

Denken wir in diesem Zusammenhang einmal an ein modernes Verkehrsflugzeug wie den Airbus A360. Kein Mensch allein ist in der Lage, alle Aufgaben und Fragestellungen, die im Zusammenhang mit der Planung und Konstruktion zu bewältigen sind, zu überblicken. Die Menge der Sachaspekte ist schlicht zu groß. So erfordern etwa Fragen der Aerodynamik ein anderes Spezialwissen als die Programmierung der zahlreichen Computersysteme. Beim Bau eines solchen Großraumflugzeuges sind Vielfalt und Unterschiedlichkeit der Sachaspekte offensichtlich. Im Vergleich dazu mögen bei der Zusammenführung von zwei Unternehmen die zu berücksichtigende Vielfalt und Unterschiedlichkeit vielleicht etwas geringer ausfallen. Dennoch sind sie meist größer, als jene überblicken, die eine solche Entscheidung treffen. Dass Entscheider dies oft nicht erkennen (wollen), belegen die zahlreichen gescheiterten bzw. nicht erfolgreichen Merger der letzten Jahre.

Ein oft zitierter Artikel des Psychologen George Miller (»The Magical Number Seven, Plus or Minus Two«) führt den Nachweis, dass der menschliche Verstand nicht mehr als etwa sieben Datenelemente gleichzeitig behandeln kann. »Es scheint eine gewisse Begrenzung in unser Nervensystem eingebaut zu sein, die unsere Kanalkapazität auf etwa diesem Level hält«, schreibt Miller (1956, S. 81-97). Dies hat zur Folge, dass selbst eine simple Entscheidung, wie etwa eine Digitalkamera auszusuchen, den Frontalkortex überfordern kann, weil die Anzahl der zu vergleichenden technischen Daten das Dutzend deutlich übersteigt. Wenn dann noch Zeitdruck hinzukommt, kann es leicht passieren, dass die (eigentlich ziemlich irrelevante) Gehäusefarbe zum kaufentscheidenden Kriterium wird.

Der dritte Faktor inhaltlicher Komplexität ist der mit den Sachaspekten verbundene Veränderungsgrad. Man kann vier Veränderungsgrade unterscheiden: Eine Veränderung ersten Grades erzeugt Varianten der Ausgangssituation. Eine Veränderung zweiten Grades erfordert dagegen neue Prozesse und damit meistens auch neue Fähigkeiten (skills) von den Betroffenen. Bei Veränderungen dritten Grades ändern sich nicht nur Prozesse und Fähigkeiten, sondern ganze Strukturen. Veränderungen vierten Grades bringen Neuerungen und Umwälzungen, die bisher als unmöglich galten oder die sich bislang noch niemand vorgestellt hatte. Je höher der Grad der Veränderung, desto höher wird auch die inhaltliche Komplexität, weil die Anzahl der relevanten Komponenten und ihrer Organisationsebenen exponentiell ansteigt.

Veränderungsgrad	Beispiel: Technologie	Beispiel: Gesellschaft
I.	Erweiterung der Produktion von 32-Zoll-Monitoren auf 42-Zoll-Monitore	Einführung der EWG (Grenzen, Zölle und Währungen bleiben, werden aber reguliert.)
II.	Ergänzung der Modellpalette um Plasma- und LED-Geräte	Schengener Abkommen (Gemeinsame Außengrenze, Zusammenarbeit in Asylfragen, Polizeiliche Zusammenarbeit)
III.	Einstieg in die Beamertechnologie	Einführung der gemeinsamen Währung Euro
IV.	3-D-Laserprojektion im Raum	(Politisch) Vereinigte Staaten von Europa

Abb. 7: Veränderungsgrade in vier Stufen

Der vierte Faktor inhaltlicher Komplexität ist die Vernetztheit der Sachaspekte, also die Frage, wie stark eine Veränderung eines Aspekts andere Aspekte steuert oder beeinflusst. Je mehr Wechsel- und Nebenwirkungen zwischen den einzelnen Sachaspekten bestehen, desto sorgfältiger und vorausschauender muss man über die möglichen Konsequenzen nachdenken, bevor man etwas entscheidet. Als zum Beispiel bei der Schweizerischen Bundesbahn an einem Werktag um 17:00 Uhr der Strom auf der Nord-Süd-Transversale ausfiel, brach innerhalb kürzester Zeit durch Kettenreaktionen das gesamte Stromnetz der Bahn zusammen und das ganze Land stand still. Auslöser war die Entscheidung, die zweite von drei Stromleitungen über die Alpen abzuschalten, obwohl bereits eine abgeschaltet war. Dies führte in der Stoßzeit zu einer Überlastung der letzten Leitung, und das Ereignis nahm seinen Lauf.

Wenn abzusehen ist, dass die inhaltliche Komplexität einer Situation groß ist, wird man Experten hinzuholen und deren Wissen und Erfahrung in die Analyse und Lösungssuche einbeziehen. Nur darf man den Experten nicht die Leitung des Entscheidungsprozesses übertragen, weil sonst eine relativ hohe Wahrscheinlichkeit besteht, dass die soziale Komplexität außen vor bleibt. Denn Experten beziehen ihre Anerkennung in aller Regel aus ihrer fachlichen Expertise und weniger aus ihrer Fähigkeit, durch offene Prozesse zu führen und mit den sozialen Phänomenen erfahren umzugehen.

Überhaupt ist das mit der Expertise so eine Sache: Jonah Lehrer erzählt in seinem Buch *The Decisive Moment* von einem Experiment, das der Psychologe Paul Andreassen mit Wirtschaftsstudenten der MIT Sloan School of Management durchführte. Zunächst ließ Andreassen jeden Studenten ein eigenes Aktien-Portfolio zusammenstellen, dann teilte er die Gruppe in zwei Teilgruppen. Die eine Gruppe konnte lediglich Veränderungen der Aktienpreise verfolgen, erhielt aber keine Informationen zu den Hintergründen und konnte ihre Entscheidungen über Käufe und Verkäufe daher nur auf sehr begrenzte Daten stützen. Die andere Gruppe hingegen hatte Zugriff auf vielfältige Datennetze und Informationsquellen, von CNBC über das Wall Street Journal bis hin zu Experten für Markt- und Trendanalysen. Und welche der beiden Gruppen war nun erfolgreicher?

Zu Andreassens Überraschung hatte die Gruppe mit weniger Informationen am Ende des Experiments mehr als doppelt so viel verdient wie die umfassend informierte Gruppe. Die zusätzlichen Informationen und Nachrichten hatten die zweite Gruppe eher abgelenkt und dafür gesorgt, dass sie sich zu sehr auf die neuesten Gerüchte und Insiderklatsch verlassen hatte. Wie Herbert Simon es treffend formuliert: »Ein Überfluss an Information erzeugt einen Mangel an Aufmerksamkeit« (zitiert nach Lehrer 2009, S. 155). Ein Mehr an Informationen und Fakten führt also nicht notwendigerweise zu besseren Entscheidungen, nicht einmal dann, wenn sie von ausgewiesenen Experten kommen.

An dieser Stelle verweisen wir auf Dan Ariely, der sein Credo gleich als Buchtitel auf den Punkt bringt: »Denken hilft zwar, nützt aber nichts.« Nun teilen wir diese Ansicht nicht in aller Radikalität, weil viele Entscheidungen eben auch wegen fehlender Rationalität Qualität einbüßen. Doch die Warnung teilen wir schon.

Faktoren der sozialen Komplexität

Soziale Komplexität hängt zunächst einmal an der Anzahl der Stakeholder. Stakeholder (engl.: Anspruchsberechtigte, Interessenvertreter, Betroffene) sind alle, deren Interessen, Rechte oder Bedürfnisse von einer Entscheidung berührt werden. Je mehr Betroffene es gibt, desto sorgfältiger gilt es auszuwählen, wer an der Entscheidungsfindung beteiligt wird und wie die anderen informiert werden sollen.

Denken wir hier zum Beispiel an die Frage, wie die Kosten im Gesundheitswesen in den Griff zu bekommen sind. Die Anzahl der Stakeholder ist riesig: Patienten, Ärzte, Pharmaindustrie, Krankenversicherer, Apotheker, Heilpraktiker, Arbeitgeber, politische Gegner etc. Der ehemalige US-Präsident Clinton musste dies schmerzlich erfahren. Er hatte seine Frau 1993 als Vorsitzende einer Kommission eingesetzt, die allen US-Bürgern Zugang zur Krankenversicherung verschaffen sollte. Doch das Projekt scheiterte 1994 am Widerstand im Kongress und der Lobbyistenverbände und gilt als eine der größten Niederlagen von Clintons Präsidentschaft. Ob der amtierende Präsident Obama mehr Glück in dieser Angelegenheit haben wird, wird sich zeigen. Im Moment stehen die Zeichen noch auf Sturm.

FOCUS, 12. August 2009

Barack Obama

Gesundheitsreform wird zum Kulturkampf

Hitler-Vergleiche, Euthanasie-Vorwürfe, Demonstrationen: Barack Obama stößt mit seinen Plänen für eine Gesundheitsreform auf aggressiven Widerstand. Es scheint um mehr zu gehen als das Gesundheitssystem. [...]

Zweiter Komplexitätstreiber ist, wie bei der inhaltlichen Komplexität auch, wieder die Vielfalt; hier aber nun die Vielfalt der Interessen. Je unterschiedlicher die Interessen der Stakeholder sind, umso höher ist das Konfliktpotenzial und umso mehr Aufwand erfordert ein eventueller Interessenausgleich. Das bedeutet viel Arbeit und unter Umständen auch viel Ärger, vor allem dann, wenn man eine Stakeholder-Gruppe vergisst. Deutlich zu spüren bekam das der Flughafen Zürich-Kloten, als bei der Planung der Anflug- und Abflugrouten die Gemeinden im süddeutschen Raum nicht einbezogen wurden. Zwar ist die Bevölkerungsdichte dort viel geringer als rund um den Flughafen in den drei anderen Himmelsrichtungen, aber die süddeutschen Nachbarn deswegen zu ignorieren, war ein grober Fehlentscheid.

Der dritte Faktor sozialer Komplexität ist die Machtfrage. Wenn einer der Stakeholder eine herausragende Position auf der Machtebene hat, dann schränkt das in der Regel die Prozessautonomie einer Entscheidungsgruppe, aber auch die Bandbreite der Entscheidungsmöglichkeiten für den Entscheider selbst ein. Ideal wäre es in so einem Fall, wenn der Machthaber selbst als Entscheider auftreten würde. Das kommt aber zum Beispiel in Familienunternehmen mit einem angestellten Manager nicht in Frage, weil man ihn oder sie ja genau für solche Entscheidungen ins Unternehmen geholt hat. Ebenso verhält es sich häufig zwischen einem (starken) Aufsichtsrat und dem Vorstand. Letzterer muss die Positionen des Aufsichtsrats berücksichtigen, oft ohne sie gründlich genug zu kennen. Besonders bei Entscheidungen unter Zeitdruck führt dies immer wieder zu Frustration, Enttäuschung und einsamen Machtentscheiden. Das Einzige, was hier hilft, ist ein »rotes Telefon« und ein direkter Draht zu den Bestimmern der Szene.

Die »emotionale Ladung« ist die vierte Komponente sozialer Komplexität. Gemeint ist damit der Ballast, der einem Thema anhaftet, wenn es schon eine konfliktreiche und erfolglose Geschichte hinter sich hat, wenn sich schon einige daran die Finger verbrannt haben. Dabei suggeriert das Wort »Ladung«, die Emotionalität sei »heiß«. Das kann zwar durchaus zutreffen, aber es gibt auch erfolglose Themen, die kalt und vampirgleich den Entscheidungsfriedhof einer Organisation bevölkern und jedem frischen Ansatz die Zuversicht und Kraft absaugen. Wie das Kino lehrt, hilft da nur eine ordentliche Beerdigung mit dem Holzpflock.

Im Aktionsfeld sozialer Komplexität geht es also um Sozial-Psycho-Logik. Dazu gibt es ein aufschlussreiches Experiment, heute bekannt als »Ultimatum Game«, das mittlerweile in vielen Varianten und Kulturen durchgeführt worden ist und immer recht ähnliche Ergebnisse zeigt: Spieler A erhält zehn Dollar (oder Euro oder Yen). Von diesem Geld kann er Spieler B eine beliebige Summe abgeben. Spieler B aber hat die Vetomacht. Akzeptiert B das Angebot von A, wird das Geld so aufgeteilt, wie A es vorgeschlagen hat. Lehnt B jedoch ab, erhalten beide Spieler gar nichts.

Nun würde die Annahme eines homo oeconomicus davon ausgehen, dass Menschen sich egoistisch und rational verhalten. Das hieße, wenn A hauptsächlich an sich selbst denkt, bietet er B nur einen Cent an. Und rational, wie B ist, würde er das akzeptieren, denn ein Cent ist immerhin besser als gar nichts. Doch weit gefehlt: die Annahme der Forscher, Menschen verhielten sich erstens egoistisch und zweitens rational, erwies sich als falsch. Denn das Resultat des Experiments sah wie folgt aus: Wenn die B-Spieler das Angebot der A-Spieler als zu gering empfanden (typischerweise bis hin zu einem Wert von 30 Prozent, also drei Dollar), lehnten sie es ab. Die Reaktionen verärgerter B-Spieler führten schließlich sogar zu Angeboten bis zu einem Wert von 50 Prozent, also fünf Dollar.

Das waren Ergebnisse, die Forscher und Leiter des Experiments kaum glauben konnten. So wurde es weltweit in verschiedenen Ländern durchgeführt. Die Forscher beobachteten jedoch nahezu identische Verhaltensweisen der Spieler in Japan, Russland, Deutschland, Frankreich und Indonesien. Überall wurden im Laufe des Spiels faire Angebote gemacht, außer in einer ganz speziellen Probandengruppe, die nämlich aus Menschen mit Autismus bestand.

Um diesen Zusammenhang zu klären, müssen wir ein wenig ausholen. Die Spur führt zum einen zur Entdeckung der sogenannten Spiegelneuronen und zum anderen in die Autismusforschung.

Spiegelneuronen befinden sich im sogenannten fusiformen Gesichtsareal (fusiform face area) des menschlichen Gehirns. Ihre Funktion besteht darin, die Regungen anderer Menschen zu spiegeln. Wenn wir also zum Beispiel jemanden lächeln sehen, geben die Spiegelneuronen einen Impuls ab, und wir lächeln ebenso. Nach demselben Prinzip reagieren wir darauf, dass jemand ein mürrisches Gesicht macht oder weint. Spiegelneuronen lassen uns innerlich spiegeln, was wir außen bei anderen Menschen wahrnehmen; oder wie Giacomo Rizzolatti, einer der Entdecker der Spiegelneuronen, es formuliert: »[...] sie erlauben uns, unmittelbar zu begreifen, was in anderen vorgeht, und zwar nicht durch konzeptionelles Nachdenken, sondern durch direkte Simulation; durch Fühlen, nicht durch Denken« (Blakeslee 2006).

Das bringt uns zur Autismusforschung. Denn der Defekt, unter dem autistische Menschen leiden, besteht gerade darin, dass die Funktion ihrer Spiegelneuronen eingeschränkt ist. Das hat zur Konsequenz, dass sie gar nicht wahrnehmen, wie es anderen Menschen geht. Ihr extremes Alleinsein ist Folge ihrer Unfähigkeit, Emotionen anderer Menschen zu interpretieren und zu verinnerlichen.

Aus den vorherigen Ausführungen und Geschichten können Entscheider vor allem zwei Dinge lernen: Erstens, Menschen wollen fair behandelt werden, und zwar unabhängig vom Kulturkreis und der Höhe der Summen, um die es geht. Zweitens, der Druck, der auf Entscheidern lastet, führt bei ihnen häufig zu Symptomen von temporärem Autismus. Druck verengt die Blickwinkel, die Scheuklappen schließen sich, andere Stakeholder geraten aus dem Fokus und die gefällten Entscheidungen ignorieren deren Interessen und Bedürfnisse – meist mit katastrophalen Folgen für die Umsetzung. Denn frustrierte Mitspieler geben sich nicht mit Almosen ab, sondern lassen das Spiel platzen.

1.5 Ausweich- und Erfolgsstrategien

Komplexe Entscheidungen sind mitunter lästig. Sie halten auf und erfordern oft mehr Zeit und Aufmerksamkeit, als man gerade zur Verfügung hat. Dann ist die Versuchung groß, auch schwierige Probleme auf möglichst schnelle und einfache Weise zu lösen, so als seien sie Routine. Beliebte Ausweichstrategien sind:

- sich schnell auf die drei wichtigsten Punkte einigen,
- die Entscheidung an jemanden zu delegieren (der ohnehin schon überarbeitet ist),
- ein Projekt aufzusetzen (dem die Mittel fehlen),
- zu versuchen, einfach »härter« an der Sache dranzubleiben,
- die Konsequenzen der Entscheidung zu verharmlosen.

Doch so entstehen lediglich Pseudo-Lösungen. Die beheben zwar nicht das eigentliche Problem, geben einem aber das Gefühl, man hätte etwas erreicht, weil man sich so angestrengt hat. Pech gehabt! Denn die tatsächlichen Ursachen werden nicht erkannt, die brauchbaren Lösungen nicht gefunden und die eingesetzten Ressourcen verschwendet. In den meisten Unternehmen ist dieses Phänomen versandeter, nicht umgesetzter Entscheidungen nur allzu bekannt.

Komplexe Entscheidungen erfordern ein Vorgehen auf Ergebnis. Das heißt, es ist wichtig, so lange daran zu arbeiten, bis genug Klarheit sowohl über die inhaltliche als auch über die soziale bzw. emotionale Komplexität herrscht und fundiert entschieden werden kann. Dabei ist mit Klarheit nicht unbedingt immer Detailwissen, sondern eher Einsicht in die relevanten Faktoren gemeint.

Damit aus komplexen Entscheidungen auch erfolgreiche Entscheidungen werden, kommt es bei der Lösungssuche darauf an, die Standpunkte und Bedürfnisse der relevanten Stakeholder zu integrieren und dabei einerseits auf Kooperation zu setzen und andererseits Konflikte nicht zu scheuen. So vorzugehen, ist wiederum eine Entscheidung für sich. Doch nur auf diese Weise kommen tragfähige Lösungsoptionen und letztlich Entscheidungen zustande, die hinterher nicht wieder versanden oder sogar Schaden anrichten.

Dazu ist eine Art des Denkens erforderlich, welche die Entweder-oder-Haltung durch den Sowohl-als-auch-Blickwinkel ersetzt. Das bedeutet, bei Auseinandersetzungen allen Beteiligten zuzugestehen, dass sie gute Gründe für ihre jeweilige Sichtweise haben und dass für ihre Interessen dasselbe Recht auf Berücksichtigung gilt wie für die eigenen.

Dies macht einen Prozess möglich und nötig, den wir »Reconciliation« (engl.: Aussöhnung, Versöhnung, Beilegung eines Konflikts) nennen. Das Konzept stammt ursprünglich von dem Niederländer Fons Trompenaas, der sich sein ganzes Berufsleben lang in internationalen Kontexten um die Auflösung von Dilemmata bemüht hat (*Business Across Cultures*, 2003). Dazu hat er eine schlichte Visualisierung eingeführt, die das Denken dreht und neue Perspektiven eröffnet: Statt einen Konflikt in der Form von Entweder-oder abzubilden, stellt er die unterschiedlichen Konfliktpositionen in einem Koordinatenfeld dar. Und schon entsteht auf dem Papier und im Kopf die Idee vom Lösungsraum.

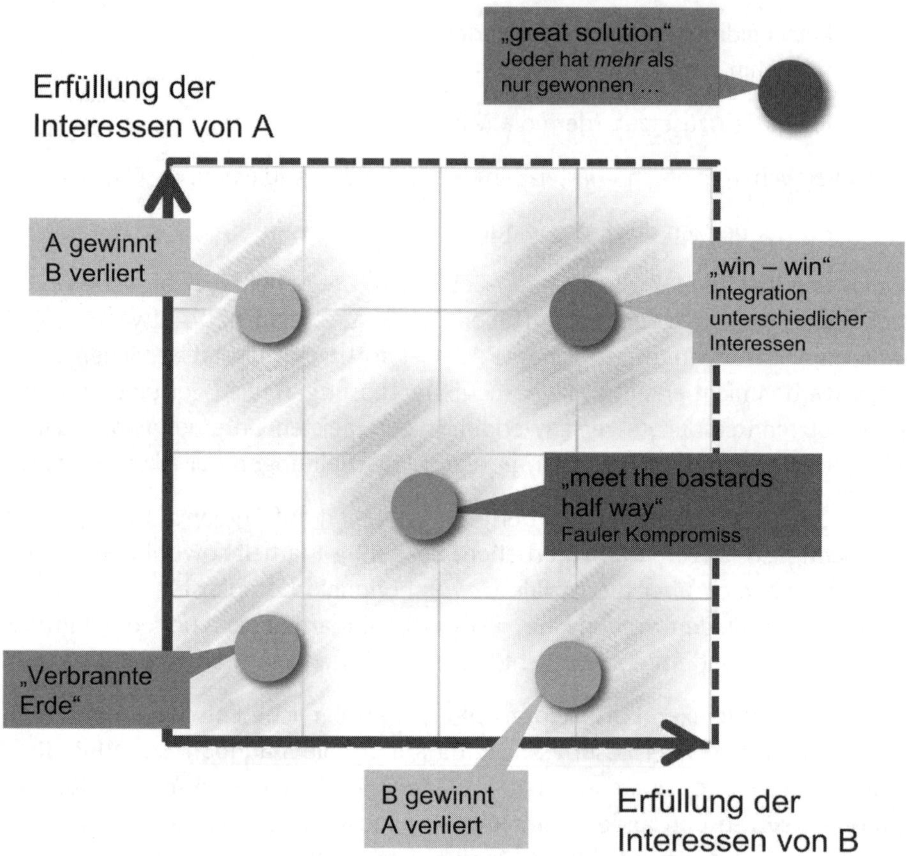

Abb. 8: Lösungsraum nach Trompenaas

Das Harvard-Verhandlungsmodell (Fisher/Ury/Patton 1991) und das Thomas-Kilman Conflict Mode Instrument (TKI) folgen derselben Idee, nämlich ein Entscheidungsproblem nicht durch die Entweder-oder-Brille zu betrachten, es nicht als Nullsummenspiel (was immer einer gewinnt, verlieren die anderen) zu verstehen, sondern die Sowohl-als-auch-Haltung einzunehmen.

	Entweder-oder	Sowohl-als-auch
Wertesystem	Wettbewerbsorientiert	Zusammenarbeitend
Art des erwarteten Ergebnisses	Der/die Beste gewinnt.	Gemeinsamer Gewinn
Haltung bezüglich Gewinnen	Der/die Beste erntet den Erfolg.	Nur gemeinsamer Erfolg zählt.
Haltung bezüglich Verlieren	Was nicht gut genug ist, setzt sich nicht durch.	Wenn einer verliert, verlieren alle.
Haltung gegenüber Minderheitenmeinungen	Haltet euch an die entschiedenen Linien!	Jeder hat einen Teil der Wahrheit.
Umgang mit Unterschieden zwischen konkurrierenden Positionen	Herausfinden, was besser funktioniert, damit man schnell handeln kann und zum besten Ergebnis kommt.	Einen gemeinsamen Verständnisrahmen entwickeln als Voraussetzung für sich ergänzende, kreative Denkprozesse.
Wesentliche mentale Aktivität	Analysieren: das Ganze in Teile zerlegen und jeden Teil einzeln lösen.	Synthesen bilden: die Teile in ein Ganzes integrieren und eine integrierte Lösung entwickeln.
Zeitlicher Aufwand	Schneller Prozess, lange Nacharbeiten.	Langsamer Prozess, kaum Nacharbeiten.
Eignung	Wenn Tempo und sofortige Wirkung das Wichtigste sind: beim Feuerlöschen nimmt man Wasserschäden in Kauf, um das Ganze zu retten.	Wenn alle Parteien die Macht haben, jegliche Entscheidung zu blockieren, und es in erster Linie auf langfristig tragfähige Ergebnisse ankommt.
Zugrunde liegende Philosophie	Der/die Beste möge gewinnen, survival of the fittest.	Die Dinge hängen zusammen.

Abb. 9: Vergleich der Denkstile Entweder-oder und Sowohl-als-auch

Ob es nun den eher Streitlustigen unter uns passt oder nicht: Bei komplexen Entscheidungen liegt die einzige Chance auf akzeptable, tragfähige Ergebnisse darin, eine funktionierende Kooperation zu etablieren und aus vermeintlichen Gegnern Lösungspartner zu machen.

Der Streit um eine Orange

Zwei Geschwister streiten um eine Orange, die beide haben wollen. Schließlich kommen sie überein, die Frucht zu halbieren. Der Bruder nimmt nun seine Hälfte, isst das Fruchtfleisch und wirft die Schale weg. Die Schwester dagegen wirft das Innere weg und benutzt die Schale, um damit einen Kuchen zu backen.

Die Idee des Lösungsraumes geht davon aus, dass Partei A etwas für sich haben bzw. erreichen möchte und dass dieses Anliegen sich nicht zwangsläufig gegen die Anliegen der Partei B richtet. Doch die Angst, man könnte zu kurz zu kommen, kann schnell dazu führen, dass zwischen den Parteien ein Konkurrenzkampf entbrennt und es den Kontrahenten gar nicht mehr einfällt, konstruktiv und kooperativ miteinander zu reden. Da hilft es dann, wenn eine Person anwesend ist, die für niemanden Partei ergreift, sondern beiden Seiten hilft, sich darüber klar zu werden, was man selbst und was die jeweils andere Partei wirklich will und braucht. Dadurch können Lösungen gefunden werden, die im Idealfall für alle Beteiligten mehr bringen, als ihre ursprüngliche Position dies getan hätte. So hätte jedes der Geschwister aus dem Beispiel oben seinen Teil der ganzen Orange bekommen könnten, wenn sie nur miteinander geredet hätten. Das hieße 100 Prozent mehr Ertrag aufgrund eines Gesprächs von maximal zwei Minuten. – Nicht schlecht, oder?

Doch warum geschieht nicht, was doch so vernünftig ist? Was passiert eigentlich, wenn jemand schier ausrastet, weil er nicht bekommt, was er will?

Wir tragen tief im Gehirn, im stammesgeschichtlich älteren limbischen System, eine Art »Feuermelder« mit uns, den die Neurowissenschaftler Amygdala (Mandelkern) nennen. Die Amygdala ist im Wesentlichen an der Entstehung von Angst beteiligt, spielt aber auch eine zentrale Rolle bei der Wiedererkennung und emotionalen Bewertung von Situationen sowie bei der Analyse möglicher Gefahren. Sie verarbeitet externe Impulse und leitet vegetative Reaktionen ein. Bei Gefahr schlägt sie Alarm und löst mit ihren neuronalen Signalen so starke Kampf- oder Fluchtbereitschaft aus, dass der Frontalkortex, der ja eigentlich für die Handlungssteuerung zuständig wäre, überrumpelt und umgangen wird und dem Einsatz sozusagen nur noch zusehen kann. In einer Zeit, als das Überleben des Menschen deutlich gefährdeter war als in unseren Tagen, bildete das Gefahrengedächtnis der Amygdala die Basis der lebenswichtigen Warn- und Abwehrmechanismen. Ihr Ausfall führt zum Verlust von Furcht- und Aggressionsempfinden und so zum Zusammenbruch der lebenssichernden Systeme (Nature Science Update, Nature News Service, Januar 2004).

Wenn wir uns unter dem Regiment der Amygdala befinden, spielt ein Hormon eine besondere Rolle: das Adrenalin. Als Stresshormon verursacht es eine Steigerung der Herzfrequenz, einen Anstieg des Blutdrucks, eine Erweiterung der Bronchiolen und eine schnelle Bereitstellung von Energiereserven durch Fettabbau und Freisetzung von Glucose. Es zentralisiert die Durchblutung und hemmt die Magen-Darm-Tätigkeit. Das bedeutet: Wenn wir angst- oder ärgerbedingt in Stress geraten, ist unser Körper voller Adrenalin und so flucht- bzw. kampfbereit, dass wir zu einem ruhigen, friedlichen Meinungsaustausch gar nicht in der Lage sind.

Zum Glück baut sich Adrenalin von selbst wieder ab, man beruhigt sich, und die für die Vernunft zuständigen Gehirnareale können ihre Arbeit wieder aufnehmen. Aber das dauert eine Weile. Deshalb brauchen wir, wenn wir beim Verhandeln in Angst und Streit geraten sind, Zeit und/oder Hilfe. Beschleunigt wird der Adrenalinabbau durch Bewegung. Daher kann eine Verhandlungspause, die für einen schnellen Spaziergang genutzt wird, mitunter Wunder wirken. Außerdem kann ein neutraler Gesprächshelfer Ruhe in eine angespannte Situation bringen, wenn er von den Parteien nicht als Bedrohung wahrgenommen wird und wenn er ihnen vermitteln kann, dass unterschiedliche Interessen nicht automatisch zur Niederlage einer Seite führen müssen und dass eine Lösung, mit der beide Seiten leben können, nicht durch Kampf, sondern durch Verhandeln möglich ist.

Das gelingt nicht immer. Die Amygdala speichert als Angstgedächtnis jeden Verlust, jede Bedrohung und jedes Trauma. Wer schon viel Beängstigendes erlebt hat, hat eine niedrigere Auslöseschwelle. Der »Alarmknopf« liegt deshalb bei manchen Menschen ziemlich blank und kann auch versehentlich ausgelöst werden. In verfahrenen Gesprächssituationen kann es dann hilfreich sein, wenn man die Kontrahenten animiert, sich daran zu erinnern, wann sie gut miteinander ausgekommen sind und wie ihnen das gelungen ist. Das kann ihnen helfen, sich innerlich aus dem Ich-oder-Du, aus dem Entweder-oder zu befreien und der Entwicklung eines Lösungsraums eine Chance zu geben. Befinden sich die Kontrahenten im Adrenalinrausch, ist das jedoch keine realistische Option.

Kann man vorbeugen? »Nicht immer, aber immer öfter«, möchte man sagen, denn erwachsene Menschen verfügen ja durchaus über die Fähigkeit, ihre innere Mobilmachung wahrzunehmen, bevor die Schlacht eröffnet wird; Bewusstheit lautet hier das Stichwort. Erwachsene sind, anders als Dreijährige oder Pubertierende, in der Regel in der Lage, eine sich anbahnende Emotion wahrzunehmen, einzuordnen und daraus relevante Schlüsse zu ziehen, und zwar bevor der Frontalkortex überwältigt ist. Man kann sozusagen den inneren Alarmknopf vor allzu leichter oder versehentlicher Betätigung schützen, eine Schutzscheibe darüberbauen und »Missbrauch verboten« daraufschreiben.

»Missbrauch verboten« steht für eine zweite Fähigkeit, die Dreijährigen und Pubertierenden oft nur eingeschränkt zur Verfügung steht: Disziplin. Emotionale Disziplin halten, heißt, nicht bei jeder sich bietenden Gelegenheit drängende Gefühle auszuagieren, sich nicht bei jedem kleinen Ärger in einen hysterischen oder cholerischen Anfall hineinzusteigern, nicht in jedem Verlust so lange zu baden, bis einem die Tränen kommen.

Wie geht das, emotionale Disziplin halten? Der untaugliche Weg ist Verdrängung, d. h. der radikale Versuch, die eigenen Gefühle überhaupt nicht mehr wahrzunehmen, sie zu blockieren und auszusperren. Bis zu einem gewissen Grad funktioniert das; man kann Gefühle schon ignorieren. Aber es hilft nicht wirklich. Im Gegenteil, wenn man bei einem Dampfkochtopf, der zischt, weil es in ihm brodelt, die Ventile verlötet, bereitet man seine Explosion vor. Ähnlich kann es uns auch mit unseren Emotionen ergehen. Wir versuchen, sie draußen zu halten, mahnen zur strikten Sachlichkeit, und manchmal kommt es dann so weit, dass jemand die Fassung verliert, brüllt oder mit Stühlen wirft.

Die positive Alternative zur Verdrängung ist Achtsamkeit. Was zwar recht altmodisch klingt, ist jedoch der zentrale Schlüssel zu Bewusstheit und emotionaler Freiheit. Achtsamkeit bedeutet, automatische Gefühlsabläufe zu unterbrechen und damit den eingeschliffenen Reaktionsweisen auf äußere Reize und innere Befindlichkeiten die Zwangsläufigkeit zu nehmen. Emotionale Freiheit heißt, dass ich wahrnehme, achtsam registriere, was um mich herum und in mir geschieht, und dann bewusst meine Reaktion wähle. Der innere Beobachter bleibt also verbunden mit dem, was er beobachtet. Aber er ist nicht identifiziert.

Dafür gibt es seit vielen Jahren eine Übung. Sie heißt »Wahrnehmen – vermuten – ...« und funktioniert folgendermaßen: Formuliere eine Wahrnehmung bzw. Beobachtung in Bezug auf einen anderen Menschen und finde oder erfinde dann mindestens fünf Vermutungen, warum er oder sie sich so verhält.

Dazu ein Beispiel: Ich bemerke, dass ein Kollege erst sieben Minuten nach Sitzungsbeginn in den Besprechungsraum kommt (das kann ich sehen und hören). Ich vermute erstens, dass er verschlafen hat; zweitens, dass er aus Prinzip zu spät kommt, um seine Wichtigkeit zu betonen; drittens, dass er in einen Verkehrsstau geraten ist; viertens, dass seine Liebste ihn nicht hat ziehen lassen; fünftens, dass er diese Sitzung ohnehin überflüssig findet.

Interessanterweise werden, je nachdem, welche Vermutung ich für wahr halte, völlig unterschiedliche Gefühle in mir ausgelöst. Die Bandbreite reicht von verständnisvoll oder mitleidig (wegen des Staus) über amüsiert (wegen der Macht seiner Liebsten) bis hin zu ärgerlich (wegen der Arroganz) und frustriert (wegen der Ignoranz). Für meine Gefühle ist also nicht das Verhalten des anderen verantwortlich, sondern meine persönliche Auswahl an Erinnerungen und Assoziationen, mit denen der andere überhaupt nichts zu tun hat.

Wir sind also grundsätzlich in der Lage, unsere Emotionen, solange sie noch nicht »Alarmstufe Rot« ausgelöst haben, mit Achtsamkeit einzuordnen und zu verstehen. Ein Ereignis von außen vergleicht unser Gehirn – in der Regel zunächst ohne das Bewusstsein zu informieren – mit Ähnlichem, das wir schon erlebt haben. Es legt innerlich gewissermaßen den alten Film ein, reaktiviert die Bilder, Geräusche und Stimmungen von damals und verbindet die wachgerufenen Emotionen mit unserer aktuellen Wahrnehmung. Dann wird uns bewusst, dass wir z. B. sauer oder frustriert oder inspiriert oder verliebt sind. Wenn wir achtsam sind, haben wir die Chance, wahrzunehmen, dass uns der jetzige Moment an etwas Vergangenes erinnert.

Damit lässt sich die Frage beantworten, ob und wie man vorbeugen kann, um nicht allzu oft von seiner Amygdala überrumpelt zu werden. Man kann das Wahrnehmen-Vermuten nämlich üben. Man kann sich darin schulen, zu unterscheiden, was im Hier und Jetzt relevant ist und welche alten Erinnerungen und Assoziationen dadurch wachgerufen werden. Wer zum Beispiel einmal von einem Hund gebissen wurde, kann wieder lernen, dass nicht jeder Hund gefährlich ist und dass heftiges Schwanzwedeln in der Regel Freundlichkeit signalisiert. In diesem Wissen kann man dann relativ unvoreingenommen mit Hunden umgehen, obwohl man sich erinnert, dass man schon unfreundlichen Exemplaren begegnet ist. Das gibt einem die Freiheit des Erlebens zurück. Wer allerdings dazu neigt, nicht nur Hunden, sondern auch anderen Menschen eher Schlechtes zu unterstellen, sollte sich – am besten mit Hilfe eines Coachs – damit auseinandersetzen, welche persönlichen Erfahrungen im Leben zu welchen emotionalen Einschränkungen geführt haben, und lernen, sie neu zu bewerten.

Ein ähnlicher Effekt kann in Verhandlungssituationen dadurch erzielt werden, dass eine außenstehende Person die Verhandlung begleitet. Als neutrale Instanz kann sie aufkommende Emotionen stets offen und direkt ansprechen und die Verhandlungsparteien dabei unterstützen, zu klären, was tatsächlich ins Hier und Jetzt gehört und was alte Sorge ist. In unserer Geschäftswelt wird der emotionalen Dimension zwar offiziell nicht viel Raum zugebilligt (obwohl schon jedes laute Wort, jeder verächtliche Blick, jede ungeduldige Nachfrage Ausdruck von Emotion pur ist), aber jede Klärung emotionaler Reaktionen, die gewissermaßen den Druck vom Kessel nimmt, trägt dazu bei, dass die Lösungschancen steigen.

Dabei ist Klärung allerdings nicht zu verwechseln mit Therapie: Wenn mir in einer Verhandlungssituation klar wird, dass ich meinem Gegenüber nicht traue, weil ich in puncto Vertrauen schon schmerzhafte Fehlschläge erlebt habe, reicht es vollkommen, ihm deutlich zu machen, dass ich mit Vertrauen nicht immer gute Erfahrungen gemacht habe und dass ich mir genau überlegen will, unter welchen Bedingungen ich ein Risiko eingehe. So bleibt die Verantwortung bei mir und die Verhandlung kann weitergehen. Aber die Hintergründe meines Vertrauensproblems gehen niemanden etwas an.

Wenn echte Kommunikation gelingt, dann wird der andere von einem Gegner zu einem möglichen Partner auf der Suche nach brauchbaren Lösungen. Dann führt die Anwendung des Lösungsraum-Gedankens dazu, dass beiden Seiten klar wird, was ihre jeweiligen Interessen und Bedürfnisse sind und welchen Bedingungen Lösungen genügen müssen, damit sie für beide funktionieren. Diese Überlegungen liefern noch nicht die fertigen Lösungen, sondern die Kriterien für akzeptable Lösungen (»Aus meiner Sicht müsste eine Lösung ermöglichen, dass wir ...« – »Mir ist an der Lösung wichtig, dass ich damit ...« etc.). Dies ist ganz im Sinne der von Gigerenzer postulierten Robustheit von Entscheidungen. Denn wenn Einigkeit über die Kriterien guter Lösungen besteht, dann bleibt man flexibel und anpassungsfähig, wenn sich das Umfeld verändert. Klar definierte Interessen und Bedürfnisse sind die Leitplanken für die Konstruktion der möglichen Optionen. Wenn alle Beteiligten die Perspektiven der jeweils anderen wirklich in ihr Denken einbeziehen, werden ihnen gemeinsam sehr viele verschiedene praktikable Lösungen einfallen oder sogar in den Schoß fallen.

Dabei ist es unserer Erfahrung nach gar nicht so wichtig, dass jeder 100 Prozent seiner eigenen Interessen erfüllt sieht. Schon wenn jeder das Gefühl hat, dass seine Sicht und seine Anliegen genauso ernst genommen werden wie die der anderen, entspannt sich die Lage. Im Kern geht es darum, aus dem Pokerspiel auszusteigen und mit dem Puzzeln zu beginnen. Wir müssen von »Was immer einer gewinnt, verliert ein anderer« zu »Was immer einer beiträgt, nützt allen gemeinsam« gelangen.

Ist das schwach und verweichlicht? Wir glauben nicht. Ganz im Gegenteil, Achtsamkeit zu lernen, ist harte Arbeit. Die Fähigkeit, sie anzuwenden, wächst mit der Übung. Erst mit der Zeit entsteht, was wir echte Souveränität nennen: beeindruckende Ruhe, stille und klare Autorität. Und was der Persönlichkeitsentwicklung eines Entscheiders zuträglich ist, nutzt auch seinem Unternehmen. So beinhaltet jeder Anstellungsvertrag einer Führungskraft die Verpflichtung, Gutes für das Unternehmen zu tun und Schaden von ihm zu abzuwenden. Vom Recht auf die Durchsetzung partikulärer oder persönlicher Interessen haben wir in diesem Zusammenhang noch nirgendwo gelesen. Da ist es doch eher schwach und feige, wenn sich niemand gegen offensichtliche Abteilungsegoismen wendet und alle untätig zusehen, wie deshalb nur drittklassige Lösungen zustande kommen.

Motive und Motivation

Entscheidungen haben eine rationale Seite, haben Ziele, einen Zweck, eine Intention und verfolgen Interessen. Auf der anderen Seite gibt es die Dimension der Emotionen. Dafür, wie Menschen von Emotionen bewegt werden, existiert ein zweites Wort mit demselben Wortstamm: Motiv (in beiden Worten steckt dass lateinische movere = bewegen).

Bei allen Entscheidungen halten wir es für sehr vorteilhaft, wenn die Entscheider ihre persönlichen Motive kennen. Damit wir uns hier nicht missverstehen: Natürlich dürfen Entscheidungen auch persönlichen Motiven folgen, denn wer Verantwortung trägt, muss auch Einfluss haben. Wer aber keine Einsicht in die eigenen Motive hat oder gar so tut, als diene seine Entscheidung ausschließlich dem Wohl des Unternehmens, handelt sich Schwierigkeiten ein. Macht muss immer mit Verantwortung verbunden sein. Man muss Antwort geben können, wenn man nach den Gründen von Führungsentscheidungen gefragt wird.

David Clarence McClelland (1917 – 1998), US-amerikanischer Verhaltens- und Sozialpsychologe, hat die Grundlagen der Motivforschung gelegt. Seine und viele folgende wissenschaftliche Arbeiten über Motive und Motivation haben gezeigt, dass die sogenannten impliziten Motive unabhängig von sozialen, kulturellen und gesellschaftlichen Unterschieden beschreibbar sind, dass sie stammesgeschichtlich in der Natur des Menschen verankert sind und neuronale Grundlagen haben. Aber sowohl die Ausprägung (Stärke) der jeweiligen Motive als auch das konkrete Verhalten, welches sie auslösen oder antreiben, sind individuell verschieden.

Die drei impliziten Motive, die McClelland identifiziert hat, nannte er das Bedürfnis nach Zugehörigkeit (N-Affil), nach Macht (N-Pow) und nach Erfolg (N-Ach). Dabei ist eine weitere Unterscheidung wichtig: Jedes der drei Motive hat eine »Streben-nach«-Seite und eine »Furcht-vor«-Seite, oder wissenschaftlich formuliert, ein Annäherungsschema und ein Vermeidungsschema.

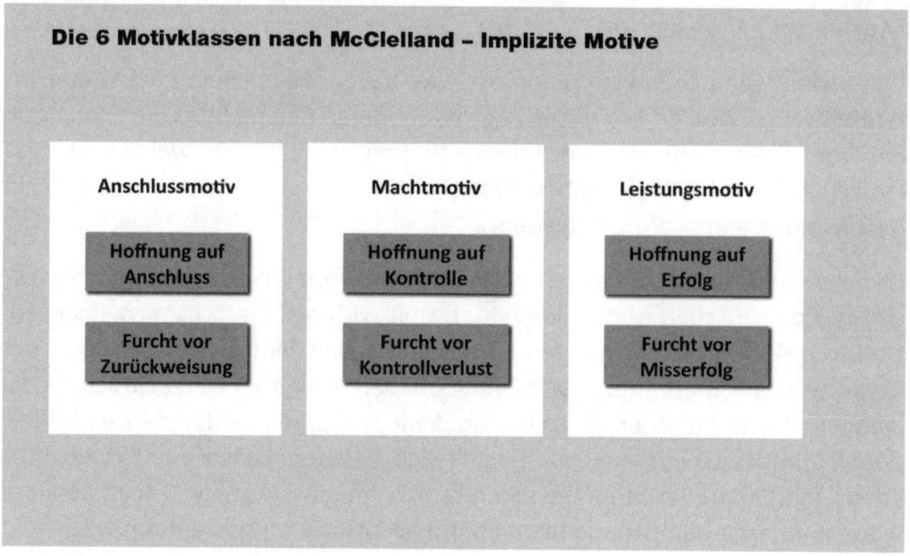

Abb. 10: Implizite Motive nach McClelland

Das Motiv Zugehörigkeit (Anschluss und Intimität)

Jeder Mensch strebt nach der Aufrechterhaltung und Weiterentwicklung des sozialen Systems, auf das er als Individuum angewiesen ist. Die Suche nach Bindung, Zugehörigkeit, Nähe, Geborgenheit, Freundschaft, Zuneigung, Vertrauen, Wärme und Gegenseitigkeit ist die positive Ausprägung dieser Motivlage. Dazu gehört aber auch, dass sich Menschen vor Zurückweisung, Nichtbeachtung und der Beendigung sozialer Beziehungen fürchten.

Das Macht-Motiv (Einfluss und Kontrolle)

Das Macht-Motiv zeigt sich im Streben nach Macht, Status, Dominanz, Einfluss und Kontrolle. Interessant ist hier der Zusammenhang mit dem Testosteron-Spiegel. So erhöht sich bei Siegern im Sport der Testosteron-Spiegel vorübergehend, bei Verlierern fällt er.

Einfluss und Kontrolle zu haben (oder es zumindest zu glauben), verschafft Handlungsspielraum. Damit verbunden ist das Bedürfnis nach Orientierung, das Bedürfnis, zu wissen, was los ist und was man tun kann, um seine jeweilige Situation zu verbessern. Dadurch sichern Menschen ihren Lebensraum. Das Macht-Motiv zeigt sich aber auch als Furcht vor Machtverlust. Uneingeschränkte Macht dauert meist nur kurze Zeit, muss erkämpft und verteidigt werden – bis ein Stärkerer kommt.

Das Motiv Erfolg (Leistung und Kompetenz)

Ein lebenslanges Entwicklungsziel jedes Systems und jedes Menschen ist persönliches Wachstum, d. h. die im Organismus angelegten Entwicklungspotenziale auch zu verwirklichen. Menschen haben ein grundlegendes Bedürfnis nach optimaler Wirksamkeit und wollen sich als kompetent erleben: Dinge gut oder besser machen, etwas Neues oder Schwieriges meistern, Hindernisse überwinden, neugierig sein.

Die andere Seite dieses Motivs ist die Angst, zu versagen. Hier scheint es zwei unterschiedliche Persönlichkeitstypen zu geben: Menschen, die zuversichtlich sind, dass sie Erfolg haben, und Menschen, die sich vor Misserfolg fürchten.

Wenn Sie herausfinden möchten, wie Ihre eigenen Motivationspräferenzen verteilt sind, können Sie entweder einen wissenschaftlichen Test bei einem Psychologen machen oder Sie schätzen mit Blick auf Ihr jeweiliges Entscheidungsthema selbst ein, welche der sechs genannten Motiv-Ausprägungen auf Sie zutreffen. Dazu fragen Sie sich selbst, was Ihre Entscheidung zum Beispiel mit Ihrer Furcht vor Kontrollverlust zu tun hat: Befürchten Sie, dass Sie Einfluss verlieren, wenn Sie so oder anders entscheiden? Könnten andere zu mächtig werden? Könnte die Situation schlechter kontrollierbar sein? Wären Sie noch handlungsfähig, wenn sich relevante Variablen verändern? Schon wenn Sie sich eine halbe Stunde lang anhand solcher Beispielfragen mit Ihrer eigenen Motivlage beschäftigen, werden Sie aufschlussreiche Antworten finden.

Je größer die Überschneidung Ihrer persönlichen impliziten Motive mit den gefundenen rationalen Gründen ist, also mit den expliziten Motiven für eine Entscheidung, desto höher werden Ihre Energie und Zuversicht bei der Umsetzung sein. »Ich kann, weil ich will, was ich muss«, soll Immanuel Kant einmal gesagt haben, und hat damit vorweggenommen, was man heute als Flow bezeichnet.

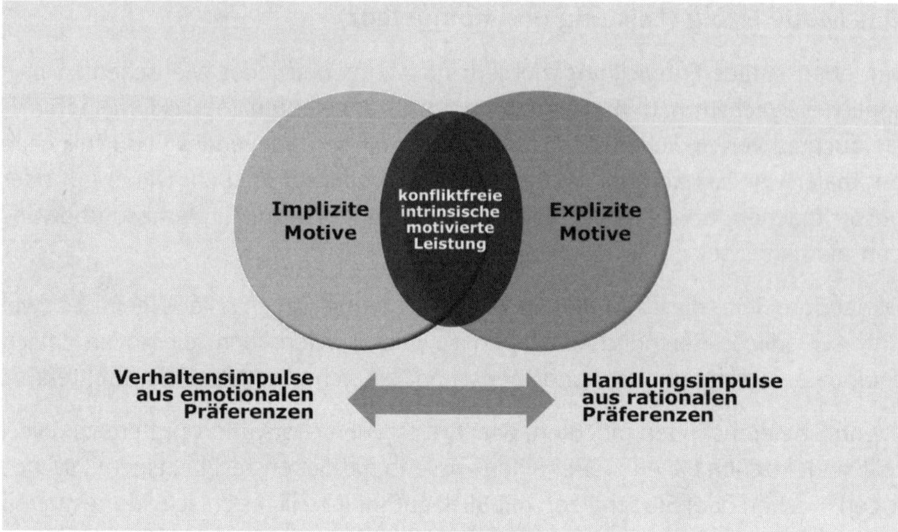

Abb. 11: Intrinsisch motivierte Leistung

Das gilt natürlich auch für die anderen Beteiligten. Wenn Sie Entscheidungen treffen, die mit der Motivationslage Ihrer wichtigsten Stakeholder kompatibel sind, haben Sie Verbündete. Wenn nicht, haben Sie Gegner und unter Umständen ziemlich harte Zeiten vor sich.

Auf welche Weise lässt sich herausfinden, wie die Motivationslage bei den Handelnden, Beteiligten und Betroffenen genau aussieht? Nun, ein Weg ist, sich auf seine Menschenkenntnis zu verlassen, der zweite Weg heißt: miteinander reden.

1.6 Was macht Entscheidungen tragfähig?

Entscheidungen werden in der Regel umso leichter akzeptiert, je besser die Beteiligung der Betroffenen funktioniert hat und je mehr die Interessen der Betroffenen berücksichtigt wurden. Es gibt aber auch Entscheidungen, die akzeptiert werden, obwohl die Betroffenen nicht beteiligt waren. Das ist immer dann der Fall, wenn drei Bedingungen erfüllt sind:

- Erstens, die Entscheidung ist, gemessen an der Erfahrung mit ähnlichen Situationen, plausibel und nachvollziehbar.
- Zweitens, dem Entscheider wird das Grundvertrauen entgegengebracht, dass er solche Situationen nicht zum eigenen Vorteil (aus-)nutzen wird.
- Drittens, die Entscheidung ist kulturkompatibel.

Unter »kulturkompatibel« verstehen wir, dass die Entscheidung den ausgesprochenen oder impliziten Werten oder Regeln einer Gruppe entspricht, also nicht neue Werte bzw. Regeln einführt oder althergebrachte umstürzt. Immer wenn Entscheidungen – und seien sie noch so klein – kulturelle Gegebenheiten bzw. Übereinkünfte herausfordern, infrage stellen oder verletzen, erzeugen sie Angst oder Ärger, und damit Widerstand. Dann wird schnell klar, dass es gar nicht mehr um den Inhalt einer Entscheidung geht, sondern darum, dass der kulturelle Rahmen einer Gruppe ins Vibrieren gerät.

Spannend wird es vor allem dann, wenn eine Entscheidung inhaltlich zwar klar in den Zuständigkeitsbereich einer Person fällt, aber bestimmte Begleiterscheinungen der Entscheidung an der Kultur kratzen, denn diese ist immer »Gruppeneigentum«. Dazu ein Beispiel aus der Unternehmenswelt: Dass der Vorgesetzte zustimmen muss, wenn sein Mitarbeiter im nächsten Monat einen Kongress besuchen möchte, ist unumstritten; und wenn sich der Kongressbesuch irgendwie mit der Arbeit vereinbaren ließ, war das bisher auch nie ein Problem. Wenn nun aber die neue Chefin als Bedingung für ihre Zustimmung bestimmte Vorleistungen einfordert, dann verändert sie die bisher gültigen »Spielregeln« und riskiert deshalb die Akzeptanz seitens der Mitarbeiter, obwohl die Entscheidung über die Kongressteilnahme selbstverständlich in ihren Zuständigkeitsbereich fällt.

Immer wenn es um kulturelle Übereinkünfte, Spielregeln und Werte geht, ist das Eis, auf dem sich Entscheider bewegen, ziemlich dünn, und man hat schon viele einbrechen und untergehen sehen, obwohl es in der Sache nicht um viel gegangen war. So entzündet sich all die Aufregung um Peanuts, Victory-Zeichen, Dienstwagen- und Flugmeilennutzung ja weniger an Rechtsfragen als an Stilfragen. Da ist es weise, sich bezüglich allem, was an der Kultur einer Gruppe rührt, lieber einmal zu viel mit Freunden zu beraten, als mit einer in der Sache richtigen, aber nicht akzeptierten Entscheidung aufzulaufen. Wesentlich größer als im genannten Beispiel ist die Notwendigkeit des Austauschs und eines strukturierten Entscheidungsprozesses in den Situationen, von denen dieses Buch hauptsächlich handelt, nämlich in komplexen Entscheidungssituationen.

Wenn eine scheinbar banale Entscheidung zu Widerstand führt, lohnt es sich, darauf zu schauen, welche Spielregeln durch sie verändert wurden. Das heißt dann in der Konsequenz nicht gleich, dass die Entscheidung zurückgenommen werden muss. Aber es kann unter Umständen hilfreich sein, die Spielregeln neu zu definieren. Das wiederum ist dann eine Entscheidung, die sozial komplex ist.

Vielleicht fragen Sie sich jetzt: »Welche Entscheidung darf man als Führungskraft denn überhaupt noch alleine fällen?« Die Antwort ist ganz einfach: Jede Entscheidung, deren Konsequenzen man alleine tragen kann. Jede Entscheidung, die man alleine ausführen oder deren Ausführung man durchsetzen und bei der man die Folgen der Durchsetzung tragen kann.

Dazu wieder ein Beispiel aus der Unternehmenspraxis: Der Vorstand eines Schweizer Industriebetriebes entschied aufgrund der Analyse eines externen Beraters, eine der beiden Tochterfirmen in Österreich zu schließen. Deren vierzig Angestellte wurden entlassen, was beträchtliche Kosten verursachte. In den folgenden Monaten verlor die andere Tochtergesellschaft massiv Kunden, die deren Produkte nämlich nur wegen der Serviceleistungen der mittlerweile geschlossenen Tochterfirma gekauft hatten. Die gekündigten Mitarbeiter gründeten nun eine eigene Firma und verkauften ihrem vorherigen Arbeitgeber die verloren gegangenen Dienstleistungen teuer. Schließlich zog sich das Schweizer Unternehmen ganz aus dem österreichischen Markt zurück. Die Folgen der Durchsetzung der Vorstandsentscheidung konnten also letztlich nicht getragen werden.

Bei vielen Entscheidungen ist sofort klar, dass sie von mehr als einer Schulter getragen werden müssen, wie die folgenden Beispiele veranschaulichen:

- Nach dem Zusammenschluss von zwei Unternehmensbereichen müssen die Sicherheitsrichtlinien für die DV-Nutzung harmonisiert werden. Aber jeder Bereich hat viel in den Aufbau seiner eigenen bisherigen Lösung investiert.
- Ein älterer Mitarbeiter geht in den Ruhestand. Ein neuer Mitarbeiter soll nicht nur dessen Arbeitskraft ersetzen, sondern auch neue Methoden und frischen Wind in den Betrieb bringen, was nicht die gesamte Belegschaft begeistert.
- Eine Großstadt mit vielen Bezirken und Referaten plant die Einführung eines digitalen Dokumenten-Management-Systems. Angesichts von Datensicherheitsrisiken und Bedenken seitens des Betriebsrats besteht keine Chance, die Einführung des neuen Systems einfach per Machtwort durchzusetzen.

- Sie haben das Job-Angebot Ihres Lebens, das aber Ihren Umzug nach Singapur erfordert. Gehen Ihr Lebenspartner und Ihre beiden schulpflichtigen Kinder mit?

Das Ziel von Beteiligung ist selten Mitentscheiden, sondern Beitragen. Die Beteiligung anderer an einer Entscheidung macht es möglich, dass sie die getroffene Entscheidung dann auch in der Umsetzung mittragen. Das ist der Akzeptanzaspekt. Gleichzeitig wird durch die Beteiligung anderer sichergestellt, dass offensichtliche und auch verborgene Aspekte auf der sachlichen wie auf der sozialen Ebene angemessen berücksichtigt werden. Das ist der Qualitätsaspekt. Hätte der Vorstand im oben beschriebenen Beispiel dies beherzigt, wären die Abhängigkeiten zwischen den beiden Tochterunternehmen nicht übersehen und wäre die Macht der lokalen Mitarbeitenden nicht unterschätzt worden. Inhaltliche und soziale Aspekte angemessen zu berücksichtigen, bedeutet jedoch nicht, dass man jedem Wunsch folgt und nachgibt. Aber man sollte die Erwartungen, Notwendigkeiten, Forderungen und Interessen kennen, die aus den inhaltlichen und den sozialen Aspekten einer Entscheidung erwachsen.

Vor allem die verborgenen Aspekte, die nicht auf den ersten Blick ersichtlich sind, müssen entdeckt, thematisiert und einbezogen werden. Dazu dient ein Vorgehen, das den Entscheidungsprozess in Phasen strukturiert und den einzelnen Phasen bestimmte Methoden und Vorgehensweisen zuordnet, die genau diese Funktion erfüllen: möglichst alle relevanten Aspekte auf den Tisch bzw. auf die Agenda zu bringen. So kann man sich am Schluss des Entscheidungsprozesses für eine Lösung entscheiden, mit der möglichst viele möglichst gut leben können.

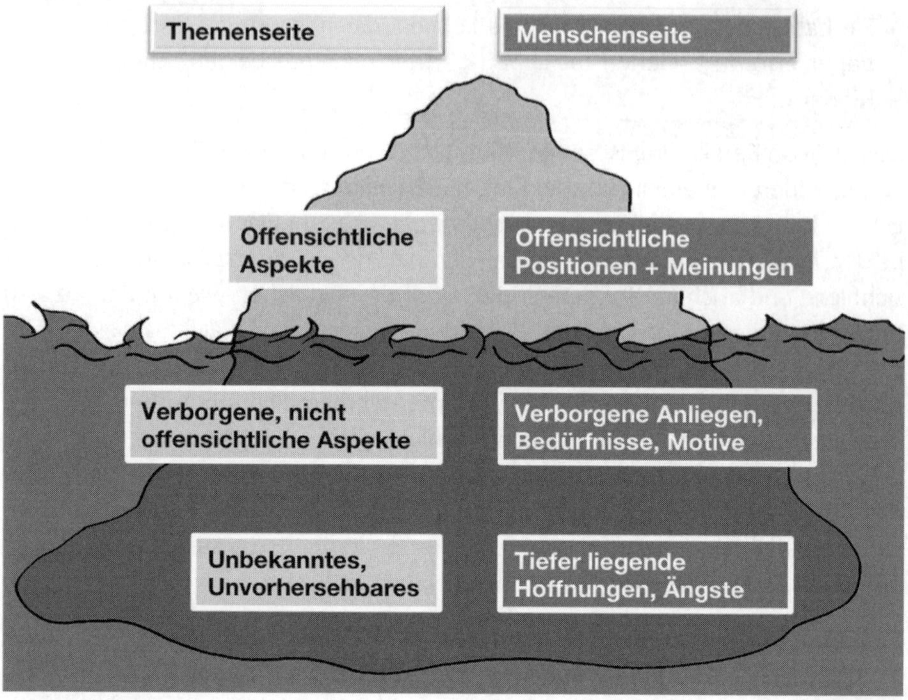

Abb. 12: Offensichtliche und verborgene Aspekte einer Entscheidung

Andere an einem Entscheidungsprozess zu beteiligen, hat also nichts mit Basisdemokratie zu tun. Angemessene Beteiligung ist die Voraussetzung für hohe Qualität und die erfolgreiche Umsetzung jeder Entscheidung.

Perspektive erweitern

Wenn man Betroffene an Entscheidungen beteiligt, holt man sich also zusätzliche Erfahrung und Know-how an den Tisch und kann schon allein deshalb die Qualität des Resultats auf stabilere Beine stellen und gleichzeitig die Wahrscheinlichkeit der Akzeptanz erhöhen. Zudem entstehen dadurch ganz neue Blickwinkel und der Diskussionsrahmen wird erweitert. Es können innovative Perspektiven eingenommen werden, auf die zuvor niemand gekommen ist und die eine Situation in einem neuem Licht erscheinen lassen. Perspektivenwechsel ist ein sehr wirkungsvolles Instrument, um verborgene und noch nicht offensichtliche Aspekte aufzuspüren. Dazu einige Beispiele:

Wechsel der Personen-Perspektive: Wie sehen andere das Problem? Was würden Kunden sagen? Wie würden Ihre Kinder mit so einem Fall umgehen? Was würde Ihnen ein guter Freund in dieser Situation empfehlen? Wozu würden Mönche raten?

Wechsel der Zeit-Perspektive: Wenn wir jetzt eine großartige Entscheidung treffen, woran erinnern wir uns dann wohl in fünf Jahren, wenn wir zurückdenken? Wie wäre man im letzten Jahrhundert mit einem vergleichbaren Problem umgegangen?

Wechsel der Ressourcen-Perspektive: Wenn wir alles Geld und alle Möglichkeiten der Welt zur Verfügung hätten, was würden wir dann anders machen können? Wenn eine Fee käme, mit ihren berühmten drei Wünschen, was würden wir wählen? Wenn wir in einer Zeitmaschine drei Monate zurückreisen und etwas verändern könnten, was würden wir tun?

Wechsel der Bewertungs-Perspektive: Worin liegt die Chance und was ist die positive Seite unseres Problems? Was könnten wir verschlimmern, um was zu verbessern? Was könnten wir gewinnen, lernen, trainieren etc., wenn die Lage noch schlimmer wäre?

So suchte das Führungsteam eines Unternehmens für Sanitärinstallationen nach Lösungen, um die Kosten für den Fahrzeugbetrieb um 30 % zu senken. Die ursprüngliche Fragestellung »Wie senken wir unsere Kosten um 30 %?« brachte zwar Vorschläge, die aber alle sogleich mit »geht nicht, weil« abgeschmettert wurden. Die Lage änderte sich, als die Frage gestellt wurde: »Von welchen Fahrten haben unsere Kunden nichts?« (Wechsel der Personenperspektive). Es zeigte sich, dass die Werkstattfahrten der Monteure jeden Morgen und jeden Abend eigentlich überflüssig waren, weil sie nur dem Zweck dienten, Tagesberichte abzugeben und Aufträge für den folgenden Tag anzunehmen. Man erkannte, dass die Monteure dazu nicht persönlich in der Werkstatt erscheinen mussten, und so konnte die Hälfte aller Fahrtkilometer eingespart werden. Im Durchschnitt sparten die Monteure deshalb auch täglich eine Stunde Fahrzeit, die sie für einen zusätzlichen Kundenauftrag pro Tag verwenden konnten. Die Ausrüstung aller Monteure mit Notebooks mit integrierten Telefonchips amortisierte sich durch den entstandenen Mehrumsatz innerhalb von drei Wochen.

1.7 Verantwortung und Rollen im Entscheidungsprozess

Führungskräfte müssen sich immer wieder mit folgender Frage auseinandersetzen: »Wie viel Beteiligung und wie viel Zustimmung braucht eine tragfähige Entscheidung?« Oft liegt dann die Idee eines Konsensentscheids nahe, doch Einstimmigkeit hat einen hohen Preis. Um Einstimmigkeit zu erzielen, müssen alle Beteiligten zustimmen, was bedeutet, dass jeder Einzelne ein Vetorecht hat. Das ist die Crux der Einstimmigkeit: Wenn eine Gruppe wirklich einstimmige Ergebnisse will, muss sie so lange in der Diskussion bleiben, bis sie tatsächlich eine Lösung gefunden hat, welche die Anforderungen und Bedürfnisse aller Stakeholder berücksichtigt.

Glücklicherweise gibt es aber mehr als nur die Alternativen Konsensentscheid oder einzelgängerische Entscheidung. Zwischen diesen beiden Extremen liegen vier weitere Beteiligungsgrade, die sich in entsprechenden Vorgehensweisen bzw. Arbeitsformen während des Entscheidungsprozesses widerspiegeln. Die folgenden Beteiligungsgrade beschreiben und definieren das Mitentscheidungsrecht der Anspruchsgruppen bzw. Betroffenen:

- Konsensentscheid (Einstimmigkeit)
- Beteiligung am Entscheid durch Abstimmung
- Optionen und Lösungen empfehlen
- An Optionen und Lösungen mitarbeiten
- Über eine Entscheidung informiert werden und dazu Stellung nehmen können
- Eine Entscheidung ohne Diskussion verkündet bekommen.

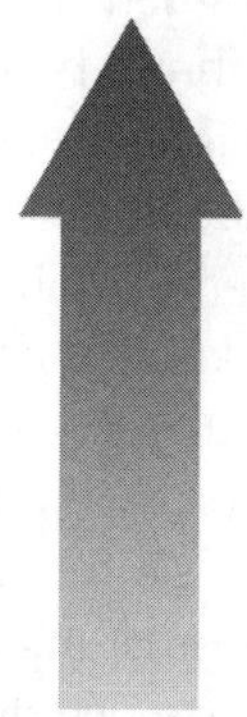

Vor der Wahl des Beteiligungsgrades für bestimmte Stakeholder-Gruppen steht immer die Frage: »Wie viel Beteiligung brauchen wir von dieser Gruppe, damit die Entscheidung tragfähig ist?« Daraus ergibt sich dann die Einschätzung, was man tun muss, um die notwendige Unterstützung zu erlangen.

»Optionen und Lösungen empfehlen« und »an Optionen und Lösungen mitarbeiten« sind im Unternehmenskontext die erfolgreichsten Beteiligungsgrade. Eine Führungskraft verliert dabei nicht die Verantwortung für das Ergebnis, wenn sie andere an der Entscheidungsfindung beteiligt. Doch in vielen Unternehmen beschränkt sich die Beteiligung relevanter Stakeholder oft auf »über die Entscheidung informiert werden und dazu Stellung nehmen können« oder sogar auf »die Entscheidung ohne Diskussion verkündet bekommen«, wie die empirische Studie »Making Change Work« von IBM Global Business Services zeigt (Jørgensen/Albrecht/Neus 2007). Was geschieht, wenn beispielsweise die erfahrenen und direkt betroffenen Führungskräfte in einem Unternehmensbereich lediglich eine Ansage zu einer Entscheidung bekommen und nicht an ihr beteiligt werden, beschreibt die Studie auch: nämlich nichts, d. h. nichts im Sinne der Umsetzung der Entscheidung. So werden Geld, Engagement und Loyalität sinnlos vergeudet.

Auch ist im Unternehmenskontext zu bedenken, dass aufgrund der Legitimationskette von den Eigentümern über die Geschäftsleitung zu den Führungskräften letztere nicht nur das Recht haben, verbindliche Entscheidungen zu treffen, sondern sogar dazu verpflichtet sind. Diese Verpflichtung soll zwar verhindern, dass Führungskräfte Entscheidungen einfach auf Gruppen abwälzen, um nicht persönlich in die Verantwortung genommen zu werden, tut aber dennoch der Notwendigkeit bzw. der Stilfrage einer angemessenen Beteiligung der Betroffenen keinen Abbruch.

Konsensentscheidungen oder Entscheidungen nach Mehrheiten finden vor allem im öffentlichen Leben, in Vereinen, Parteien und Verbänden Anwendung, also in demokratisch verfassten Organisationen mit gewählten Gremien. Dieser hohe Beteiligungsgrad gilt aber selbst dort meist nur für wichtige Grundsatzfragen sowie für die Besetzung von Positionen oder Gremien. Andere Angelegenheiten werden häufig nicht basisdemokratisch entschieden, sondern durch legitimierte Repräsentanten. Diese gewählten oder ernannten Repräsentanten haben in der Regel einen klar definierten Kompetenzrahmen, innerhalb dessen sie für Entscheidungen genauso verantwortlich sind wie ihre Führungskollegen in den Unternehmen.

Der Wert einer Entscheidung bemisst sich danach, welche Umsetzung sie letztendlich nach sich zieht. Umsetzen bedeutet aktiv werden, handeln, sich einsetzen. Deshalb müssen wir unsere Ausgangsfrage »Wie viel Zustimmung brauchen wir, damit eine Entscheidung tragfähig ist?« folgendermaßen erweitern: »Wie viel Zustimmung brauchen wir, damit eine Entscheidung genügend Unterstützung erfährt, sodass sie möglichst weitgehend in die Tat umgesetzt wird?«

Die einfache Zustimmung »Ich bin einverstanden« ist hier nicht genug. Es reicht nicht, dass alle Beteiligten mit im Boot sind. Sie müssen auch rudern wollen! Deshalb muss man darauf hinarbeiten, dass die Betroffenen sagen und es auch wirklich so meinen: »Ich bin einverstanden, ich sehe den Sinn und die Notwendigkeit dieser Entscheidung und ich bin bereit, entsprechend zu handeln.« Man muss also in Entscheidungsprozessen so viel Zustimmung erreichen, dass eine kritische Masse an Unterstützung entsteht. Klären Sie deshalb zu Beginn eines Entscheidungsprozesses genau ab, in welchem Maße und in welcher Form die Stakeholder zu beteiligen sind.

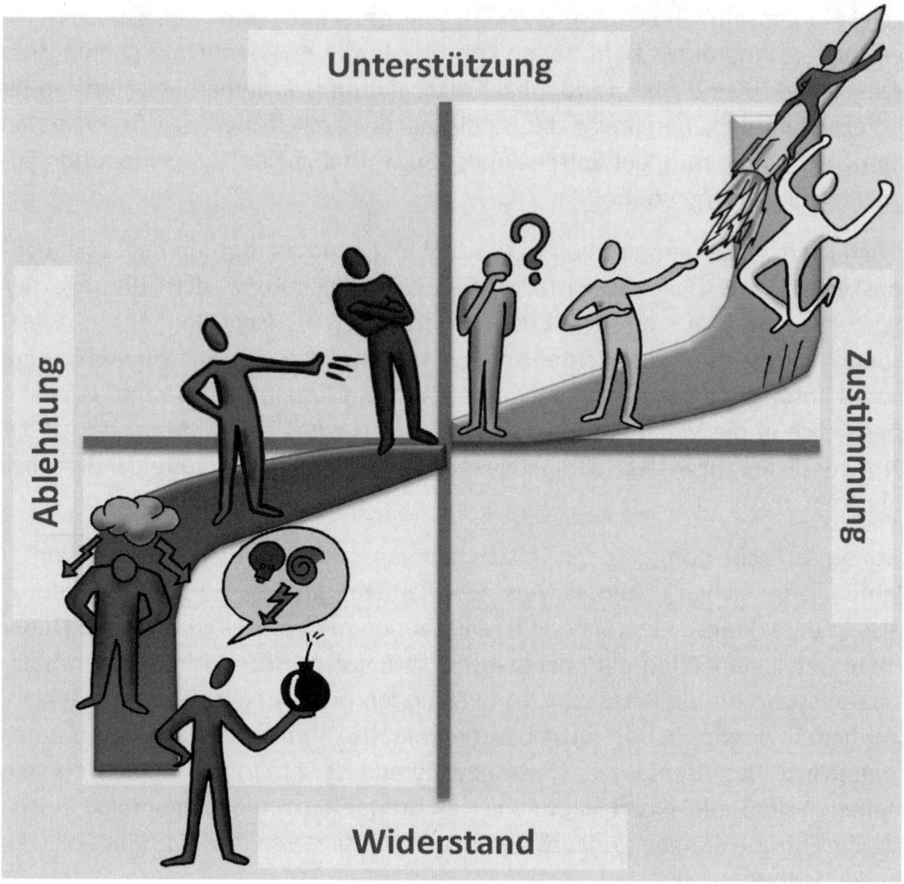

Abb. 13: Zusammenhang zwischen Zustimmung und Unterstützung

Rollen im Entscheidungsprozess

Entscheidungen sind Führungsaufgaben, die auf Seiten der Führungskräfte legitimierte Macht erfordern, damit sie Entscheidungsprozesse initiieren, in Kenntnis der relevanten Fakten und Interessen Beschlüsse fassen, deren Umsetzung mit den nötigen Ressourcen ausstatten und – nötigenfalls – auch unangenehme Konsequenzen durchsetzen können. Gerade in komplexen Entscheidungssituationen ist es oft sinnvoll, dass der Entscheider nicht auch den Entscheidungsprozess persönlich führt, sondern dass die Verantwortung für das Vorgehen, die Abläufe und die Leitung des Prozesses jemand anderem übertragen wird. Diese Person nennen wir Leiter.

Ob die Leitung eines Entscheidungsprozesses bei einem Leiter oder bei der verantwortlichen Führungskraft selbst liegen soll, ist bereits einer der frühen und wichtigen Führungsentscheide. Insbesondere wenn in Krisensituationen Entscheidungen gefällt werden, empfehlen wir, die Rollen des Entscheiders und des Leiters klar zu trennen. Der Leiter fokussiert auf den Prozess an sich und führt ihn methodisch. Unter anderem achtet er darauf, dass alle Beteiligten zu Wort kommen und ihre Interessen in angemessener Form artikulieren können und dass nicht eine Person, etwa der Entscheider, schon die Phase der Klärung und Meinungsbildung dominiert. Der Entscheider trifft am Schluss des Prozesses die Entscheidung und trägt die Verantwortung dafür.

Aufgaben des Entscheiders

- Er initiiert den Entscheidungsfindungsprozess und besetzt die Entscheidungsgruppe.
- Er bringt seine Sicht ein.
- Er entscheidet über Optionen (im Rahmen der gewählten Beteiligung der Stakeholder).
- Er trifft am Ende des Prozesses die Entscheidung zur Handlung.
- Er trägt die Verantwortung für die Qualität der Entscheidung.
- Er trägt die Verantwortung für die Umsetzbarkeit der Entscheidung in der Organisation, fachlich wie sozial.
- Er verantwortet den Ressourceneinsatz zur Entscheidungsfindung.

Aufgaben des Leiters

- Er stellt sicher, dass die Logik des Prozesses gegeben ist.
- Er bringt Methoden ein.
- Er gewährleistet, dass alle Beteiligten gehört werden.
- Er trägt die Verantwortung für die logische und die soziale Qualität des Entscheidungsprozesses.

Die Gruppe derer, die mithelfen, eine gute Entscheidung zustande zu bringen, nennen wir Entscheidungsgruppe. Zu dieser Gruppe gehören die Personen, die relevante Informationen und Sichtweisen beitragen können, aber auch diejenigen, die genug Macht hätten, um eine Entscheidung zu verhindern oder ins Leere laufen zu lassen. Wenn die Entscheidungsgruppe den Entscheider unterstützt und berät, was meistens der Fall ist, haben die Mitglieder zwar nicht die Macht des Mitentscheidens, aber sie haben großen Einfluss auf die Qualität und Akzeptanz der Entscheidung. Sie sind zwar nicht die Bauherren der Entscheidung, aber die Architekten.

Aufgaben der Mitglieder der Entscheidungsgruppe

- Sie bringen Expertise und unterschiedliche Sichtweisen ein.
- Sie dienen nicht ihren persönlichen Interessen, sondern tragen die Verantwortung für eine gute Zukunft ihres Unternehmens bzw. ihrer Organisation.
- Sie sind dafür verantwortlich, dass alle Aspekte, Chancen und Risiken klar und deutlich benannt werden, bevor die Entscheidung getroffen wird.

Wir empfehlen sehr, bei Entscheidungen von hoher Komplexität und großer Tragweite, bei denen die verantwortliche Führungskraft klare Interessen vertritt, erstens die Expertise einer Entscheidungsgruppe zu nutzen und zweitens die Leitung des Entscheidungsprozesses in andere Hände zu legen.

Ist das zu aufwendig? Nein, ganz im Gegenteil. Selbst wenn Sie eine gute Entscheidung ganz allein treffen können, haben Sie hinterher den Aufwand, sie zu vermitteln, andere davon zu überzeugen und sie letztendlich auch durchzusetzen. Diejenigen, die wichtig für die Umsetzung sind, müssen Sie ohnehin mit ins Boot holen und zum Rudern animieren. Denken Sie in diesem Zusammenhang einmal daran, wie man sich dabei fühlt, eine Waschmaschine allein die Treppe hoch zu tragen, und vergleichen Sie die Anstrengung und die möglichen Kollateralschäden mit den Situationen, in denen jemand hilft und mit anpackt. Komplexe Entscheidungen sind immer zu schwer, um von einer Person allein getragen zu werden. Es dennoch zu versuchen, ist nicht heroisch, sondern unklug.

Das gilt sogar für Organisationen, in denen Partizipation traditionell eine eher untergeordnete Rolle spielt, zum Beispiel im Militär. Kein Kommandeur eines großen Verbandes entscheidet allein. Ein systematischer Entscheidungsprozess, in den alle relevanten Offiziere eingebunden sind, geht der Entscheidung und dem Befehl voran.

Auch in der Fliegerei hat sich die Erkenntnis durchgesetzt, dass einsame Führungsentscheidungen gefährlich sind. Nachdem die Zahl der Todesfälle pro Millionen Flugmeilen lange Zeit auf gleichem Niveau blieb, haben zwei innovative Maßnahmen sie drastisch gesenkt. Die eine war die breite Einführung von voll beweglichen Flugsimulatoren zu Ausbildungszwecken, zunächst im militärischen, später dann auch im zivilen Bereich. Damit war es möglich, Entscheidungen in gefährlichen Situationen zu trainieren, in die man nicht gerne unvorbereitet gerät. Training, Reflexion und Wiederholung mit Hilfe von Simulation erweitern den Erfahrungsschatz der Piloten, ohne dass sie sich tatsächlich in Gefahrensituationen begeben müssen.

Die zweite Maßnahme war die Einführung des Cockpit Resource Management (CRM). Diese ursprünglich von der NASA entwickelte Trainingsmethode verbesserte insbesondere vier Verhaltensbereiche beim Flugpersonal: Kooperation, situative Aufmerksamkeit, Führungsverhalten und Entscheidungsfindung. CRM schärft das Bewusstsein dafür, dass neben dem technischen Verständnis an Bord eines Luftfahrzeugs der zwischenmenschliche Bereich eine wichtige Einflussgröße ist. Es ermutigt und lehrt Kopiloten, mit ihrer Meinung nicht hinter dem Berg zu halten und reduziert die Machtdistanz im Cockpit. Wie der Journalist Benno Maggi es beschreibt:

> Die häufigste Frage, die man im Cockpit hört, lautet: »Ist es gut für dich, wenn ich ...?« Und die häufigste Antwort: »Ja, es ist gut für mich.« Was klingt wie ein Gespräch unter Sozialarbeitern, hat den Zweck, den Informationsfluss zwischen Pilot und Copilot aufrecht zu erhalten: Jeder weiß ständig, was der andere tut. Die Piloten werden für diese Art der Kommunikation trainiert, seit man in den 1980er Jahren festgestellt hat, dass bei 70 Prozent der Flugunfälle nicht fliegerisches Unvermögen die Ursache war, sondern schlechte Kommunikation oder mangelnde Teamarbeit. Oft hätte ein Absturz vermieden werden können, wenn der Pilot seine Entscheide klarer ausgesprochen und der Copilot beherzter die Autorität des Piloten in Frage gestellt hätte (Maggi 2009).

Mittlerweile trainieren auch OP-Crews in Kliniken CRM als Crew Resource Management, mit beachtlichem Erfolg. So reduzierte die Einführung von CRM an einer Klinik die Anzahl der nach einer Operation im Patienten vergessenen Objekte (retained objects) von vier Fällen in sieben Monaten auf noch einen Fall in sieben Monaten: 75 % Verbesserung. Einer Klinik im Südwesten der USA, der im Durchschnitt alle 60 Tage eine dokumentierte Fehlbehandlung unterlief, gelang es, diesen Zeitraum um das Zehnfache zu verlängern. Nach Implementierung der CRM-Methodik kam es fast zwei Jahre lang zu keinem einzigen Vorfall mehr (vgl. www.saferpatients.com, September 2009).

Von der katholischen Kirche gibt es in letzter Zeit keine Erfolgsberichte über gute Entscheidungsvorbereitung und tragfähige Entscheidungen, wie das folgende Beispiel zeigt:

DER TAGESSPIEGEL, 11. März 2009

Papst gibt Fehler zu

Papst Benedikt XVI. räumt in einem persönlichen Brief zur umstrittenen Rücknahme der Exkommunikation von vier Pius-Brüdern Fehler ein – und kündigt Konsequenzen an. […]

ROM – Nach Angaben des Vatikans vom Mittwoch wird das Schreiben des Papstes an diesem Donnerstag veröffentlicht. Nach Berichten der katholischen Nachrichtenagentur kath.net und der italienischen Zeitung »Il Giornale« vom Mittwoch bekräftigt Benedikt in dem Brief nachdrücklich seinen Willen zur Versöhnung […]

In dem von den Medien dokumentierten Schreiben des Papstes heißt es, eine erste »Panne« sei es gewesen, die Bedeutung von Internet unterschätzt zu haben. Man hätte die Ansichten Williamsons rechtzeitig erfahren können, ohne dass die Veröffentlichung in »unvorhergesehener« Weise mit der Teilrehabilitierung zusammengefallen wäre. Der Vatikan müsse daher dem globalen Web mehr Aufmerksamkeit schenken. Zweitens habe man »nur ungenügend erläutert«, warum die Exkommunikation der vier Bischöfe zurückgenommen worden sei und was dies bedeute.

Oft sind es gerade die Methoden, die belächelt werden, weil sie an unserem Ego kratzen, die uns helfen, unser Leben, unsere Gesundheit oder unseren guten Ruf zu schützen. So sind Achtsamkeit, gute Kommunikation und eingeübte Kooperation die in vielen Studien bestätigten Garanten für den Schutz von Leib und Leben und für den Schutz vor Imageschäden und Vermögensverlust. Nicht von ungefähr ist CRM in der Fliegerei inzwischen Vorschrift, und Krankenhäuser und Ölplattformen ziehen nach – weltweit.

Mit Blick auf ihre Führungsrolle in Entscheidungsprozessen wird jungen Führungskräften in Seminaren häufig das sogenannte Eisenhower-Prinzip beigebracht. Demnach kann bzw. soll man Aufgaben nach den Kriterien Wichtigkeit und Dringlichkeit sortieren und in eine Matrix bringen. Die gängige Meinung der Führungslehre wie auch die überwiegende Meinung junger Führungskräfte ist, dass eine Führungskraft die sogenannten A-Aufgaben (sehr wichtig und sehr dringend) stets selbst erledigen sollte, und zwar am besten sofort. Das aber halten wir, nach all dem vorher Gesagten, für ziemlich riskant. Gerade wenn eine Angelegenheit sehr wichtig ist und auch noch unter Zeitdruck geregelt werden muss, wirkt eine kurze Entscheidungskonferenz mit anderen mitunter Wunder. Oft wird dadurch in wenigen Minuten die Lage geklärt, sind in wenigen Stunden die Optionen erarbeitet und entscheidungsreif gemacht und können morgen schon umgesetzt werden.

Zur Relativierung des Eisenhower-Prinzips sei an dieser Stelle darauf hingewiesen, dass der General immer über einen großen Stab verfügte, den er in seine Entscheidungsfindung mit einbezog. Bei der Vereinfachung bzw. Verkürzung, auf der solche Prinzipien basieren, ist also Obacht geboten. Wer keine Stäbe befehligt, alles stets allein und sofort entscheiden und dann auch noch allein umsetzen und durchsetzen muss, wird als Führungskraft nicht alt und setzt seine Gesundheit aufs Spiel.

Voraussetzungen für Offenheit und Konfliktfähigkeit

Ein grundsätzlich kooperatives Arbeitsumfeld ist noch lange kein Garant für einvernehmliche oder gar freundschaftliche Zusammenarbeit. »Wer zu offen ist, ist nicht ganz dicht!«, lautet ein gängiger Spruch, der besonders im Unternehmenskontext zur Vorsicht mahnt. Konkurrenz unter Führungskräften ist hier häufig an der Tagesordnung, und zwar in zweifacher Hinsicht. Zum einen geht es um das persönliche Ansehen oder den persönlichen Vorteil, was nicht gerade ehrenhaft klingt. Aber wer gelernt hat, dass nur der es zu etwas bringt, der es sich nimmt, hat es mit dem Grundvertrauen nicht so leicht. Zum anderen fühlen sich Führungskräfte oftmals ihrem eigenen Team oder ihrem eigenen Fachbereich loyaler verbunden als der Entscheidungsgruppe, der sie gerade angehören.

Da bringt es wenig, mangelnde Offenheit unter Konkurrenten lautstark anzuprangern oder mit einem Regelwerk mehr Offenheit erzwingen zu wollen. Aber die einfache Frage »Auf einer Skala von null bis zehn, wie offen kann ich hier mitdiskutieren?« macht einen kurzen Austausch darüber möglich, unter welchen Voraussetzungen Offenheit akzeptabel ist. Oft sind es nämlich gar nicht Taktik, Egoismus und Silodenken, die Offenheit beeinträchtigen, sondern vielmehr Vorsicht, Unvertrautheit mit anderen oder die Angst, in einer wichtigen Situation Fehler zu machen.

Eine weitere hilfreiche Frage wäre: »Für wie riskant halte ich die aktuelle Diskussion im Hinblick auf das, was für mich oder mein Team wichtig ist?« Damit kommen wir den eigentlichen Ursachen auf die Spur, die hinter Vorsicht und Zurückhaltung stehen. Meist kommen dann Anliegen ins Spiel, die Roger Fisher und Daniel Shapiro, die Leiter des Harvard Negotiation Project, in ihrem Buch *Beyond Reason* sehr pragmatisch auf den Punkt gebracht haben. Fisher und Shapiro sind erfahrene Verhandlungsführer, Mediatoren und Mediatorenausbilder (unter anderem für Kriseninterventionsteams der Polizei bei Überfällen und Entführungen etc.) und beschreiben, welche Muster ihnen in kritischen Verhandlungssituationen wiederholt begegnet und aufgefallen sind. Demnach werden Auseinandersetzungen oder Verhandlungen immer dann schwierig, wenn eines oder mehrere von fünf Kernbedürfnissen (core concerns) nicht erfüllt oder verletzt werden (Fisher/Shapiro 2006).

Bedürfnis (core concern)	Es wird verletzt, wenn:	Es wird erfüllt, wenn:
Anerkennung (appreciation)	Gedanken, Gefühle und Handlungen abgewertet werden	Gedanken, Gefühle und Handlungen wahrgenommen und geschätzt werden
Zugehörigkeit (affiliation)	du als Gegner behandelt und auf Abstand gehalten wirst	du als Kollege behandelt wirst
Selbstbestimmung (autonomy)	deine Entscheidungsfreiheit beeinträchtigt wird	andere deine Entscheidungsfreiheit respektieren
Status (status)	du im Rang geringer als andere behandelt wirst	dein angemessener Rang volle Beachtung findet
Rolle/Zuständigkeit (role)	deine gegenwärtige Rolle und die daraus resultierenden Aufgaben dich nicht erfüllen	du deine Rolle so definieren kannst, dass sie dich voll erfüllt

Abb. 14: Kernbedürfnisse nach Fisher und Shapiro (2006, S. 17)

In schwierigen Gesprächssituationen schreiben wir in unserer Workshop- und Coachingpraxis oft nur die Namen der fünf Kernbedürfnisse ans Flipchart und haken nach, um welche es denn jetzt gerade geht. Danach fragen wir die Teilnehmer: »Und was daran ist Ihnen besonders wichtig? Was genau soll berücksichtigt werden?« Das hilft den erhitzten Gemütern dabei, sich darüber bewusst zu werden, was sie da eigentlich so sehr antreibt. Denn immer, wenn eines der genannten Kernbedürfnisse nicht erfüllt ist, erhalten Emotionen wie Ärger, Frust oder Zorn neue Nahrung. Dann kommt es darauf an, diese Emotionen nicht zu bekämpfen (und damit zu verstärken), sondern ihre Botschaft wahrzunehmen: nämlich dass ein wichtiges Anliegen gerade nicht erfüllt ist und dass der oder die Betroffene ziemlich engagiert ist, dies zu ändern. Nach dem Motto: »Don't bite my finger! Just look, where I'm pointing at!«

Bevor Sie anfangen, mit den fünf Kernbedürfnissen zu arbeiten, sollten Sie jedoch üben, sie in eine alltagstaugliche, praxisbezogene Sprache zu bringen, die je nach Unternehmenskultur variieren kann. Dabei erleichtert der Satzanfang »Weil mir wichtig ist, dass ...« den Einstieg in brauchbare Formulierungen.

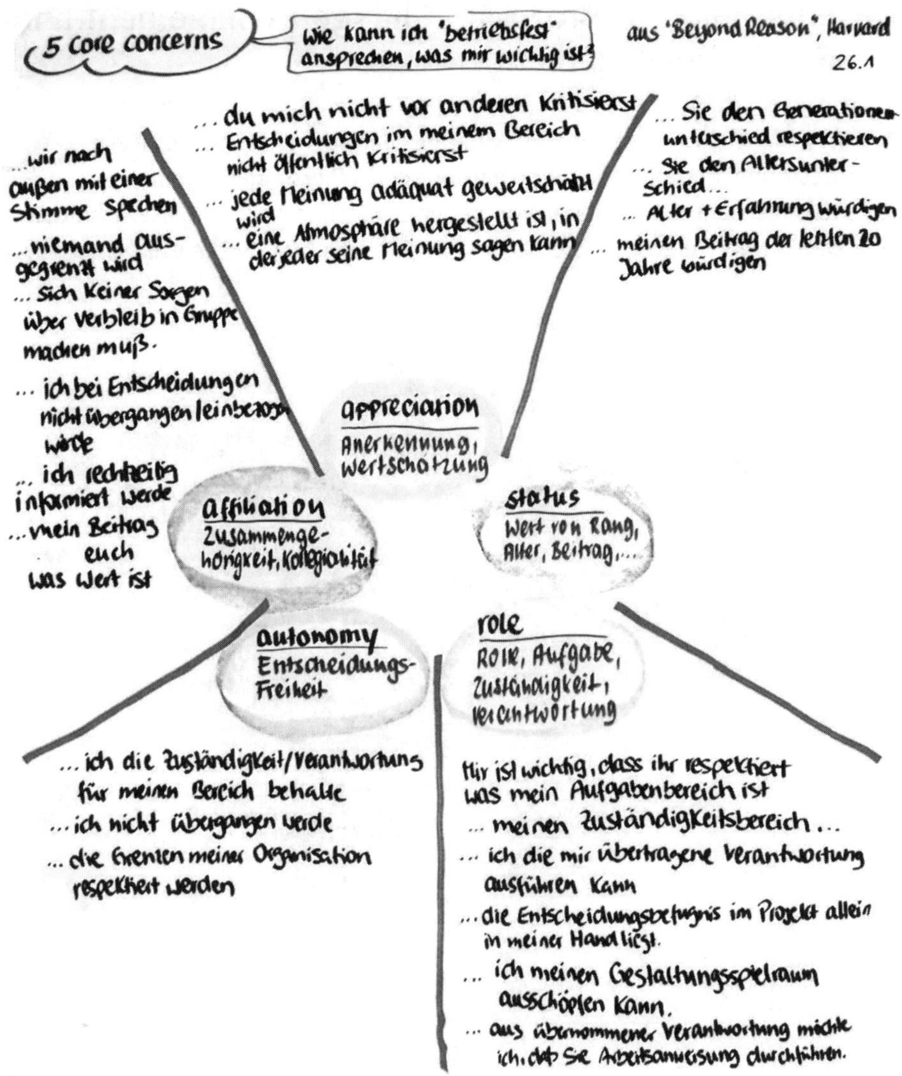

Abb. 15: Die fünf Kernbedürfnisse in alltagstauglicher Sprache

1.8 Entscheidungsprozesse, Change Management und Konfliktmanagement

Zwischen Entscheidungsprozessen, Change Management und Konfliktmanagement bestehen thematische und methodische Überschneidungen. Es handelt sich sozusagen um drei Geschwister, denen zwar sehr viel gemeinsam ist, deren Fähigkeiten und Neigungen sich aber unterschiedlich entwickelt haben.

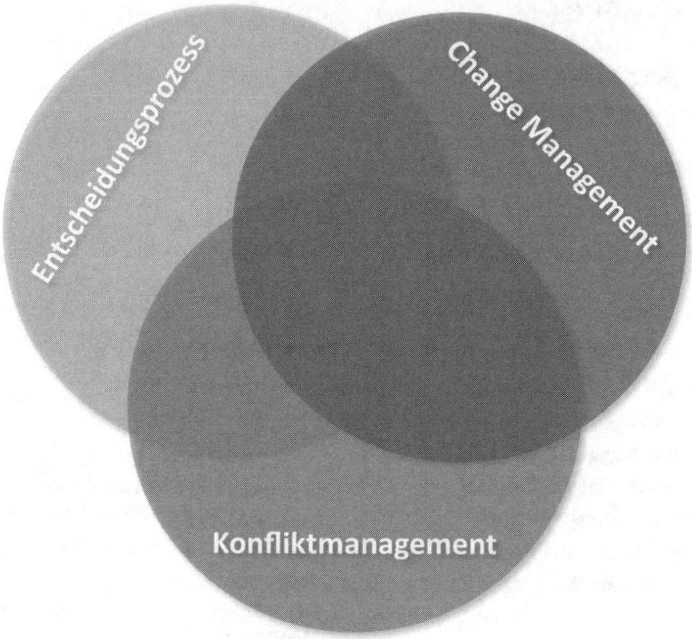

Abb. 16: Entscheidung – Veränderung – Konflikt

Entscheidungsprozesse und Change Management

Wo liegt die Trennlinie zwischen Entscheidungsprozessen und Change-Prozessen? Um diese Frage zu beantworten, muss man sich anschauen, was hier wie dort geschieht.

Entscheidungsprozesse dienen der Willensbildung. Ihr Ergebnis ist eine Entscheidung für eine bestimmte Option oder einen bestimmten Weg. Die Umsetzung dieser Entscheidung kann dann verschiedene Konsequenzen auslösen: eine Aktivität, ein Anwendungsprojekt oder einen Veränderungsprozess.

Aktivitäten sind einmalige Handlungen, die am Ende nicht mehr kompliziert sind, obwohl der Entscheidungsprozess auf dem Weg dorthin sehr komplex gewesen sein mag. Sich etwa für eine neue Software zu entscheiden, kann tausend Fragen aufwerfen. Wenn aber die Entscheidung für eine Lösung erst einmal gefallen ist, sind Kauf, Installation und Anwendung oft einfach. Ähnlich liegt der Fall, wenn Sie sich zum Beispiel für eine neue Küche entscheiden. Bis Marke, Geräte, Schränke und Farben – im Rahmen der baulichen und finanziellen Grenzen – ausgewählt sind, können Monate intensiver Auseinandersetzung mit Ihrem Lebensgefährten, dem Berater oder Ihrem Vermieter liegen. Doch wenn die Entscheidung steht, dauert der Einbau nur ein paar Stunden.

Wenn es nun nicht mehr um ein einfaches Computer-Programm geht, sondern um ein umfangreiches Software-System (oder nicht nur um eine Küche, sondern um ein ganzes Haus), dann mündet der Entscheidungsprozess in etwas, das wir Anwendungsprojekt nennen. Installation, Implementierung, Datenübernahme, Schulung der Nutzer usw. sind die Bestandteile eines solchen Anwendungsprojekts.

Einerseits ist ein Entscheidungsprozess Voraussetzung und Auslöser des Anwendungsprojekts. Andererseits sind im Anwendungsprojekt selbst meist nochmals (kleinere) Entscheidungsprozesse zur Klärung der anstehenden praktischen Fragen erforderlich, z. B. mit welchen Nutzergruppen man am besten bei der Einführung beginnt, wie man die Schulungen organisiert usw.

Das wesentliche Kennzeichen von Anwendungsprojekten ist, dass die meisten der anfallenden Probleme schon einmal irgendwo gelöst wurden. Der größte Teil der zu leistenden Arbeit ist bekannt und vertraut, mit den Unwägbarkeiten kommt man in der Regel schon klar. Am besten geeignet ist hier ein Projektleiter, der schon öfter ähnliche Aufgaben erledigt hat und vergleichbare Arbeitserfahrung vorweisen kann.

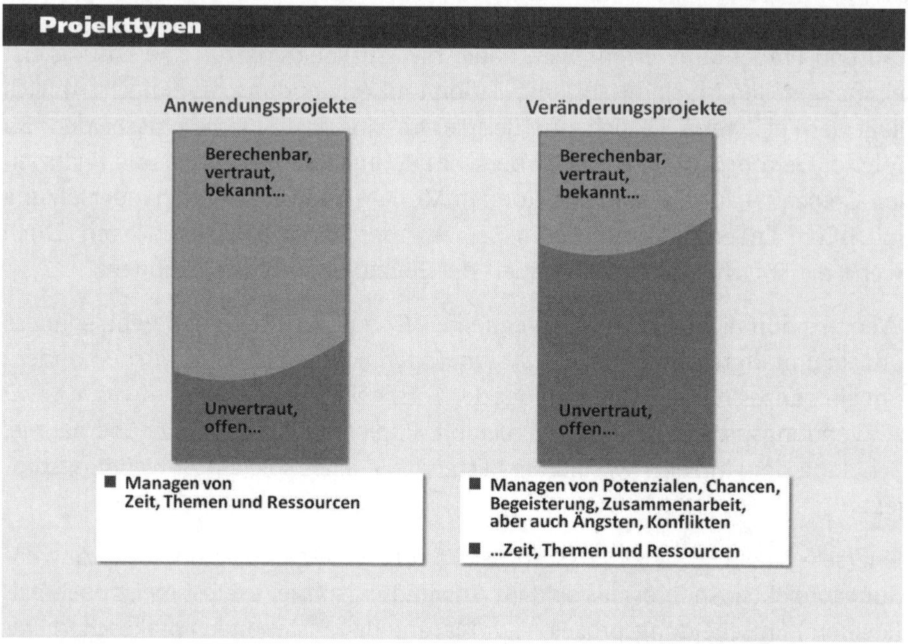

Abb. 17: Projekttypen

Veränderungsprojekte gestalten sich dagegen ganz anders. Sie haben oft Expeditionscharakter, sind Touren durch Neuland bzw. nicht kartografiertes Gelände. Entsprechend muss hier auch der Projektleiter von anderem Schlage sein. Er oder sie muss zwar auch Erfahrung haben, allerdings genau damit, auf keine exakte bzw. vergleichbare Erfahrung zurückgreifen zu können. Das klingt paradox, ist aber in vielen Veränderungsprojekten die Realität.

»Ziehst du mit mir nach Singapur?« – Wenn Sie eines Tages nach Hause kommen und Ihr Partner Ihnen eröffnet, dass die Karrierechance seines Lebens vor ihm liegt, dann haben Sie einen komplexen Entscheidungsprozess vor sich, der in einen aufwendigen Veränderungsprozess münden kann – egal, ob Sie sich nach dem Entscheidungsprozess trennen, gemeinsam umsiedeln oder erst einmal Urlaub und dann gar nichts machen.

Im Unternehmenskontext führen komplexe Entscheidungsprozesse häufig zu tiefgreifenden Veränderungsprozessen, wie die folgenden Beispiele veranschaulichen sollen:

- Die Entscheidung darüber, ob ein Schweizer Großhändler, der als Genossenschaft organisiert ist, im benachbarten Ausland Niederlassungen eröffnen soll, wirft neben den inhaltlichen Fragen nach dem Marktpotenzial, der rechtlichen Situation etc. eine ganze Reihe von sozialen Fragen auf: Ist die Expansion ins Ausland mit dem Zweck der Genossenschaft vereinbar? Gelten die Werte und

Anliegen der Genossenschaftler, welche die Firmenpolitik bestimmen, auch im Ausland? Wie werden die inländischen Kunden reagieren?

- Wenn ein mittelständisches Familienunternehmen zu dem Schluss kommt, dass das Überleben der Firma nur durch Wachstum gesichert werden kann, ergeben sich daraus z. B. folgende inhaltliche Fragen: Kaufen wir ein anderes Unternehmen? Suchen wir einen Kapitalgeber? Suchen wir einen starken Partner? Was die sozialen Aspekte betrifft, so wird es vor allem darum gehen, ob die Eigentümerfamilie ihren Einfluss aufrechterhalten und das Unternehmen noch an die nächste Generation weitergeben kann.
- Viele große Unternehmen prüfen die Möglichkeit, zentrale Dienste auszulagern und von externen Anbietern erledigen zu lassen. In diesem Zusammenhang muss man sich z. B. mit folgenden Fragen auseinandersetzen: Kann die Personaladministration außerhalb des Unternehmens erfolgen? Welches Signal würde das Outsourcing an die Belegschaft senden? Wie sähe die rechtliche Lage bei Streitfällen mit Mitarbeitenden aus? Wie groß sind die erwarteten Einsparungen und welche verdeckten Dienstleistungen der Personalabteilung entfallen? Wie in diesem Beispiel sind die inhaltlichen und sozialen Aspekte komplexer Entscheidungen oft eng miteinander verwoben.
- Viele kleine Gemeinden prüfen, ob sie mit anderen fusionieren sollen. Die rechtlichen Aspekte stellen dabei vielleicht das geringste Problem dar. Folgende politische und soziale Fragen könnten zu heftigen Auseinandersetzungen führen: Wo soll die neue Gemeindeverwaltung ihren Sitz haben? Wie setzt sich der Gemeinderat zusammen? Welche Auswirkungen hat der Zusammenschluss auf die Schulen? Wie vermeidet man ein Machtungleichgewicht zwischen den einzelnen Ortschaften?
- Die Schaffung eines europäischen Hochschulraums stellt viele Hochschulen vor die Frage, wie sie sich im europäischen Wettbewerb behaupten können: Was verspricht mehr Erfolg, eine hohe Spezialisierung oder ein breites Angebot? In welchen Sprachen werden die Lehrveranstaltungen angeboten? Auch die sozialen Aspekte spielen eine wichtige Rolle: Wie viel Autonomie haben die Dozenten noch bei der Gestaltung der Lehrpläne? Wer genügt den neuen Anforderungen und wer nicht?

Veränderungsprozesse zeichnen sich durch drei wesentliche Merkmale aus:

- Sie resultieren aus einem Entscheidungsprozess, an dessen Ende der Beschluss stand, ein bestimmtes Problem anzugehen bzw. eine erforderliche Veränderung in die Tat umzusetzen.
- Sie bestehen aus aufeinander folgenden Phasen, an deren Ende jeweils wieder Entscheidungen stehen, die einen Schritt weiter führen.

- Sie umfassen auf der Ebene des Projektinhalts viele einzelne Entscheidungsprozesse, die oft miteinander vernetzt sind und in gegenseitiger Abhängigkeit stehen.

Veränderungsprozesse beginnen zunächst mit einem grundlegenden Entscheidungsprozess, der das »Ob überhaupt« klärt, ohne schon jedes Problem im Detail zu betrachten, geschweige denn zu lösen. Die Grundsatzentscheidung mündet dann in den eigentlichen Veränderungsprozess, den man im Kern wiederum als Abfolge von vier großen Entscheidungsprozessen begreifen kann, wie die Abbildung unten zeigt.

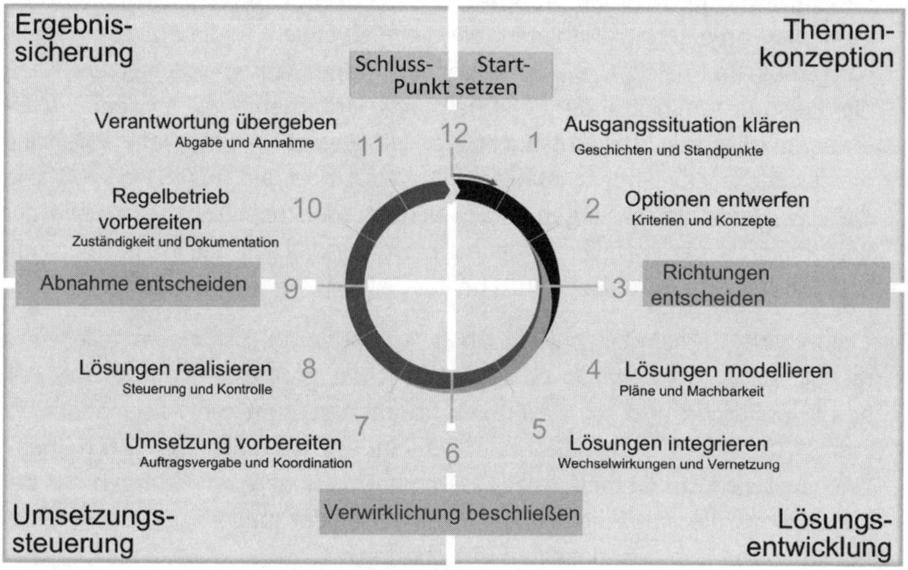

Abb. 18: Phasen und Arbeitsschritte im Veränderungsprozess

In der Phase der Themenkonzeption werden Fakten und Standpunkte gesammelt, Entwürfe und Optionen für die Zukunft entwickelt, und es wird über die Richtung entschieden, in die sich die Lösungssuche bewegen soll (Schritt 3). Ein Unternehmen, zum Beispiel, das räumlich aus allen Nähten platzt und dringend ein neues Bürogebäude braucht, wird erst einmal grob seine Optionen ausloten: Geht man an den Stadtrand, wo Büroraum preiswerter zu haben ist, wo es Platz für weiteres Wachstum gibt, wohin die Mitarbeitenden dann aber eine längere Anfahrt hätten? Oder kauft man ein größeres Gebäude in der Nähe des bisherigen Standorts und baut es gegebenenfalls um? Soll das alte Gebäude komplett aufgegeben werden oder funktioniert auch eine Lösung mit mehreren Standorten? Soll das Unternehmen die bisherige Aufteilung in Einzel- und Zweierbüros beibehalten oder sind Team-Arbeitsräume zeitgemäßer? All das sind Richtungsentscheidungen, die noch keine konkrete Lösung bieten, sondern nur den Lösungsrahmen abstecken. Ob die Zusammenarbeit in Team-Büros funktioniert oder ob die Nähe eher als störend empfunden wird, das kann man z. B. in einem Konferenzraum mit einer Abteilung für einen bestimmten Zeitraum in Ruhe testen, bevor man den theoretischen Konzepten folgt.

Die Phase der Lösungsentwicklung ist dadurch gekennzeichnet, dass nun einzelne Pläne anhand von Machbarkeitskriterien modelliert und in ein Gesamtkonzept integriert werden. Die Phase endet mit einer Realisierungsentscheidung (Schritt 6: Verwirklichung beschließen). Diese muss dann alle Aspekte beinhalten, die Voraussetzung für die konkrete Umsetzung sind. In unserem Beispiel sind das etwa die inhaltlichen Pläne zur Finanzierung oder die Übergangsplanung für die Umzugswochen.

Die Phase der Umsetzungssteuerung bereitet das konkrete Handeln vor, dadurch dass zum Beispiel Aufträge vergeben und die zuständigen Koordinatoren benannt werden. Anschließend werden die zuvor entwickelten Lösungen verwirklicht. Wenn sich dabei herausstellt, dass die Umsetzung Resultate bringt, die nicht so geplant oder gewollt waren, muss entsprechend nachjustiert werden. Diese Phase endet mit einer Abnahmeentscheidung (Schritt 9), die klar festlegt, welche Punkte in Ordnung sind, was als erledigt betrachtet, freigegeben und bezahlt werden kann und wo es Nachbesserungs- und gegebenenfalls Nachverhandlungsbedarf gibt.

In der letzten Phase, der Ergebnissicherung, wird die Ergebnisdokumentation übergeben, wird die Nachhaltigkeit überprüft und werden Erfahrungen reflektiert, was dann zur Beendigung des Projekts und zur Abschlussentscheidung führt (Schritt 12: Schlusspunkt setzen). Hier wird das Projekt dann offiziell abgeschlossen, alle Verantwortlichen werden entlastet und von ihrer Zuständigkeit entbunden. Wenn es die Unternehmenskultur erlaubt, lässt sich mit diesem Schritt auch eine Feier verbinden, bei der man das Erreichte würdigen, sich noch einmal die Geschichten von Erfolg und Beinahe-Scheitern erzählen sowie Stolz und Freude über ein gelungenes Projekt zum Ausdruck bringen kann.

Ein Veränderungsprozess ist also eine Abfolge einzelner, komplexer Entscheidungen. Das Handwerkszeug des Entscheidens, das wir in diesem Buch vorstellen, ist deshalb auch integraler Bestandteil von Veränderungsprojekten, und zwar unabhängig von deren Größe. Aber Veränderungsprojekte bestehen natürlich nicht nur aus Entscheidungsprozessen, sondern erfordern von den Leitenden zusätzliche Fähigkeiten:

- Die Projektverantwortlichen müssen in der Lage sein, mit der großen Komplexität auf der Projektebene umzugehen, d. h. Teilprojekte zu koordinieren und zusammenzuführen.

- Sie müssen damit zurechtkommen, dass Veränderungsprozesse anfangs meist auf unbekanntem bzw. unvertrautem Gebiet stattfinden, dass es für sie also noch keine verbindlichen Karten und etablierten Routen gibt.
- Erfahrene Change Manager kennen sich auch im sozialen und politischen Umfeld eines Projekts aus und sind in der Lage, die Beteiligung Betroffener sinnvoll zu organisieren.
- Change Manager helfen den Entscheidern mit sorgfältig ausgearbeiteten Optionen, sodass diese in fundierter Kenntnis der möglichen Konsequenzen inhaltlich gute und sozial akzeptable Entscheidungen treffen können.

Entscheidungsprozesse und Konfliktmanagement

Beim Konfliktmanagement geht es darum, zwei oder mehrere Parteien, deren Zusammenarbeit oder Zusammenleben gestört ist, wieder kooperationsfähig zu machen. Auslöser für Konfliktmanagement ist also eine Störung, die, angefangen vom gelegentlichen Alltagsärger bis hin zur existenziellen Krise, unterschiedliche Ausprägungsformen haben kann.

Voraussetzung für eine gezielte und adäquate Intervention ist die genaue Analyse des Konflikts:

- Wie viele Parteien sind involviert?
- Wie weit ist der Konflikt eskaliert?
- Wie wird der Konflikt ausgetragen?
- Welches sind die Konfliktthemen?

Auch im Konfliktmanagement braucht es Entscheidungen. Die erste ist die Wahl der Vorgehensweise durch den Konfliktmanager: Muss man zunächst mit den jeweiligen Parteien einzeln arbeiten oder können die Parteien an einen Tisch gebracht werden? Welche Formen der Intervention sind sinnvoll und zielführend? Ein Fehlentscheid an dieser Stelle kann zu einer weiteren Konflikteskalation führen.

Bei der Konfliktbewältigung werden meist fünf Schritte durchlaufen:

- Konfliktthemen identifizieren.
- Bedürfnisse und Anliegen hinter den Konfliktthemen klären.
- Neue Wege und Lösungen zur Konfliktbewältigung erarbeiten.
- Lösungen bewerten und entscheiden.
- Umsetzung gemeinsam bewerten und aus der Erfahrung lernen.

Dieser Ablauf ist einem Entscheidungsprozess sehr ähnlich. Der große Unterschied liegt allerdings darin, dass es bei der Konfliktbewältigung (1) zunächst darum geht, Vergangenes so weit zu klären, dass dann Neues (2) geschaffen werden kann.

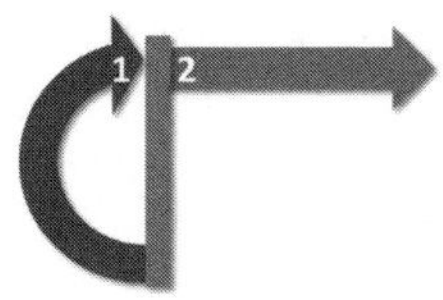

Im Entscheidungsprozess geht es dagegen primär darum, ein Vorgehen (1) für die Zukunft zu entwickeln.

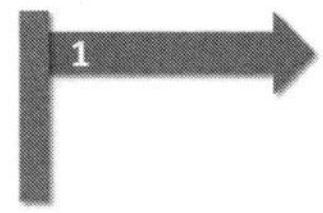

Manchmal tauchen im Laufe eines Entscheidungsprozesses verdeckte Konflikte auf. Kalte Konflikte werden plötzlich heiß. Dazu ein kurzes Beispiel: In einem Unternehmen wird die Einführung einer neuen Produktlinie diskutiert. Der Leiter Verkauf Europa weist beharrlich sämtliche Vorschläge der Marketingleiterin zurück und verunglimpft ihre Anliegen als zu theoretisch und irrelevant. Um im Entscheidungsprozess weiterzukommen, ordnet der zuständige Vorstand an, dass die beiden Kontrahenten ihre Differenzen außerhalb des eigentlichen Entscheidungsprozesses klären müssen. Nun waren Verkaufsleiter und Marketingleiterin vor Jahren einmal ein Paar, und es zeigt sich bei der Konfliktbewältigung, dass der Verkaufsleiter den Rollenwechsel vom verlassenen Geliebten zum Arbeitskollegen immer noch nicht ausreichend vollzogen hat.

Nicht immer ist klar ersichtlich, ob in einem Entscheidungsprozess lediglich unterschiedliche Standpunkte und Anliegen aufeinandertreffen oder ob ein tiefer liegender Konflikt ausgetragen wird, dessen Ursache außerhalb der eigentlichen Entscheidungsproblematik liegt. Anzeichen dafür, dass es sich um letzteren Fall handelt, sind:

- die Diskriminierung von Personen und ihren Anliegen,
- das immer wieder erneute Aufbringen von bereits behandelten Themen,
- die fehlende Bereitschaft, eigene Interessen und Anliegen zu artikulieren,
- der Rückzug aus der Diskussion.

1.9 Entscheidungsfindung in Krisen

Das Vorgehen bei der Entscheidungsfindung in Krisen unterscheidet sich vom Entscheidungsfindungsprozess für komplexe Situationen, weil in einer Krise neben den Sachaspekten und den emotionalen Aspekten noch zwei weitere Faktoren hinzukommen: die Existenzgefährdung und der Zeitdruck. Das heißt, die eigene Existenz oder die Existenz anderer ist unmittelbar oder mittelbar gefährdet und man hat sehr wenig Zeit, um Entscheidungen zu treffen und angemessen zu reagieren. Hier sind schnelles Entscheiden und Handeln, aber keine Alleingänge geboten. Dass in solchen Krisensituationen einsame Führungsentscheidungen häufig in die Katastrophe führen, hat die Geschichte nämlich vielfach bewiesen.

Typische Anlässe für Krisenentscheidungen sind öffentliche Anschuldigungen, Unternehmen bzw. Organisationen oder deren Mitarbeiter hätten sich krimineller Handlungen schuldig gemacht. Da ist voreiliges Dementieren ebenso gefährlich wie langatmige Erklärungen. Bereits die Frage, wie viel und was als Reaktion auf Anschuldigungen gesagt werden soll, ist eine Krisenentscheidung.

So berichtete die Washington Post am 21. Januar 1998 über die Affäre Lewinsky. In dem Artikel wird Präsident Clintons Anwalt mit der Aussage zitiert, »dass der Präsident den Vorwurf einer Beziehung zu Frau Lewinsky entschieden zurückweist«. Unter dem Druck, der Krisen eigen ist, wurde damals vorschnell eine Aussage gemacht, die dann schließlich sogar als Begründung für ein Amtsenthebungsverfahren angeführt wurde. Dabei war der Hauptvorwurf gegen Präsident Clinton, dass er in der Sache Lewinsky gelogen hatte. Das schnelle Dementi verschärfte also die Krise, anstatt sie zu entschärfen.

So paradox es klingen mag: in Krisensituationen muss der Entscheidungsprozess noch viel stärker standardisiert sein als bei »normalen« komplexen Entscheidungen. Der strukturierte und eng geführte Entscheidungsprozess gewährleistet, dass innerhalb der zur Verfügung stehenden Zeit die bestmögliche Entscheidung gefällt wird. Er verhindert, dass instinktiv auf altbewährte, aber möglicherweise falsche Rezepte zurückgegriffen wird. Wer in der Krise klar denken und zeitnah entscheiden will, braucht einen sicheren Rahmen. Genau deshalb arbeiten beispielsweise Militär, Polizei, Feuerwehren und Rettungsstaffeln mit systematischen Entscheidungsprozessen. Denn bei ihren Einsätzen ist fast jede Entscheidung eine Krisenentscheidung. Zwar trifft in der Regel auch hier am Ende des Entscheidungsprozesses die verantwortliche Führungskraft die Entscheidung. Diese basiert dann aber auf einem strukturierten und standardisierten Prozess, der sicherstellt, dass alle relevanten Informationen berücksichtigt und alle Experten gehört werden.

Dazu folgendes Beispiel: Am 1. November 1986 bricht kurz nach Mitternacht im Industriegebiet von Schweizerhalle bei Basel ein Feuer in einer Lagerhalle aus, in der Chemikalien in großen Mengen gelagert werden. Das Feuer breitet sich schnell aus und erfasst die gesamte Lagerhalle. Dämpfe entweichen, und es ist anfangs nicht klar, ob sie tatsächlich giftig oder nur übel riechend sind. Außer den Einsatzstäben der beiden direkt betroffenen Kantone Basel-Landschaft und Basel-Stadt kommen 15 Feuerwehren sowie Polizeikräfte aus beiden Kantonen zum Einsatz. Glücklicherweise funktioniert die Zusammenarbeit reibungslos, weil die Alarmierung, das Kommando und die Zuständigkeiten klar geregelt sind und weil standardisierte Einsatzprinzipien befolgt werden, die unter anderem festlegen, wie Entscheidungen gefällt werden (Müller et. al. 1997).

Ein solches standardisiertes Vorgehen trainieren wir mit Führungsteams, die ihr Krisenmanagement verbessern wollen. Im Gegensatz zum Prozessmodell für komplexe Entscheidungen, bei dem das Vorgehen laufend den Gegebenheiten angepasst wird, haben wir beim Prozess für Krisenentscheidungen eine klar festgelegte Vorgehensweise mit exakt definierten Schritten und Methoden. Ziel ist es, dass diese definierten Schritte in jeder Krisensituation durchlaufen werden können, und zwar inhaltlich so ausführlich wie nötig und so lange, wie es der enge Zeitrahmen erlaubt. Dabei muss der Entscheider wissen bzw. sich bewusst machen, wie viel Zeitaufwand in die Entscheidungsfindung investiert werden kann. Der Preis für schnelle Entscheidungen in Krisen ist die Unterlassung wichtiger Schritte, die eigentlich gewährleisten sollten, dass alle relevanten Stakeholder und Aspekte berücksichtigt werden. Deshalb klären wir mit unseren Auftraggebern immer vorab, welche Situationen für sie wirkliche Krisen darstellen.

Im Folgenden stellen wir die Schritte der Entscheidungsfindung in Krisen kurz vor:

- **Situationsanalyse**
  Mit der Situations- oder Auftragsanalyse wird sichergestellt, dass alle an einer Entscheidung Beteiligten von denselben Voraussetzungen ausgehen. Gleichzeitig wird dadurch der Rahmen festgelegt, innerhalb dessen die Entscheidung getroffen wird (vgl. dazu die ausführliche Methodenbeschreibung auf Seite 129 ff.). Die Analyse erfolgt durch den Entscheider. Mit dem zugehörigen Formular kann er sich auf die erste Besprechung vorbereiten. Bei dieser Besprechung setzt der Leiter sein Team ins Bild und initiiert den Entscheidungsprozess. In der Krise strukturiert der Entscheider an dieser Stelle bereits Themen- und Problemfelder. Das bringt einen Zeitgewinn, birgt aber die Gefahr, dass manche Lösungsvarianten gar nicht erst diskutiert werden. Damit unterscheidet sich das Vorgehen von der im nächsten Kapitel beschriebenen Situationsanalyse bei komplexen Entscheidungen.

- **Sofortmaßnahmen**
  Sofortmaßnahmen dienen der Schadensbegrenzung und sollen die Freiheit des Handelns gewährleisten bzw. schaffen. Eine Sofortmaßnahme kann beispielsweise darin bestehen, Spezialisten und Ressourcen in Bereitschaft zu versetzen. Ob sie dann auch tatsächlich gebraucht werden, wird man sehen. Wichtig ist, dass sie zur Verfügung stehen, falls man sie braucht.
  Sofortmaßnahmen sind keine Lösungen und dürfen diesen auch nicht vorgreifen. Sie können von allen Beteiligten – im Rahmen ihres Kompetenzbereiches – vorgeschlagen werden. Die verantwortliche Führungskraft entscheidet unmittelbar, ob eine vorgeschlagene Sofortmaßnahme umgesetzt wird oder nicht. Die Umsetzung darf nur wenige Minuten in Anspruch nehmen.

- **Zeitplanung**
  Der Zeitplan stellt sicher, dass zeitgerecht entschieden wird, damit genügend Zeit für die Umsetzung der Entscheidung bleibt. Was nützt die perfekte Lösung, wenn anschließend die Zeit zu knapp ist, um die Lösung in die Tat umzusetzen? Aufgrund des in der Situationsanalyse festgelegten Rahmens muss entschieden werden, wie viel Zeit wofür aufgewendet werden kann.
  Zuständig für die Zeitplanung ist der Entscheider. Er arbeitet dabei häufig mit dem Leiter des Prozesses zusammen. Während Entscheider und Leiter den Zeitplan erstellen, werden die Sofortmaßnahmen ausgelöst.
  Die Zeitplanung erfolgt immer durch Zurückrechnen. Das heißt, es wird von dem Zeitpunkt, an dem die Lösung effektiv sein muss, zurückgerechnet: Wie viel Zeit braucht man für die Umsetzung? Wie viel Zeit für die Vorbereitung der Umsetzung? Wie lange braucht man für die Konzeption und Planung? Wie viel Zeit bleibt für die Entscheidungsfindung? Auch wenn in diesem Planungsstadium die Lösung noch gar nicht bekannt ist, muss der Entscheider aufgrund seiner Erfahrung abschätzen, wie viel Zeit die Umsetzung einer möglichen Lösung beanspruchen wird.

- **Optionen**
  Mit einer Auswahl von Lösungsoptionen wird sichergestellt, dass in Alternativen gedacht und ein Problem von verschiedenen Seiten her angegangen wird. Die an der Entscheidung Beteiligten erarbeiten verschiedene Lösungsoptionen für die vom Entscheider in der Situationsanalyse bestimmten Themenfelder.

- **Entscheidung**
  Die beteiligten Teams präsentieren dem Entscheider ihre Lösungsvarianten. Es ist nun am Entscheider, diese anhand seiner Kriterien zu beurteilen. Dabei muss er sicherstellen, dass die gewählten Optionen auch in Kombination ausführbar sind. Am Ende steht ein Maßnahmenpaket, das in die Tat umgesetzt werden kann. Darin muss klar geregelt sein, wer was wann wo und eventuell auch wie zu tun hat.

Dieses Vorgehen muss regelmäßig trainiert werden, damit Führungsteams für Krisen gewappnet sind. Durch Übung und Wiederholung wird die nötige Stressresistenz erreicht, die man braucht, um auch unter Druck einen klaren Kopf zu bewahren.

2 Schritte der Entscheidungsfindung

Tragfähig werden Entscheidungen dann, wenn sie auf Lösungsoptionen basieren, die alle relevanten inhaltlichen und emotionalen Anliegen der Stakeholder berücksichtigen. Doch wie erreicht man das? – Durch Geduld und ausdauernde Arbeit daran, die Ziele, Bedürfnisse, Interessen und Beweggründe der jeweils anderen zu verstehen. Nur wenn das Entscheidungsergebnis für alle Beteiligten akzeptabel ist, werden sie auch die Verantwortung dafür gemeinsam tragen. Um dorthin zu gelangen, brauchen Gruppen im Entscheidungsprozess unterschiedliche Arten von Unterstützung. Entscheider und Leiter müssen dies berücksichtigen und entsprechend handeln.

In diesem Kapitel beschreiben wir das Drei-Phasen-Modell für komplexe Entscheidungen Schritt für Schritt.

Phasen des Entscheidungsprozesses

	Map	Connect	Compose
Phase			
Zweck	Richtigkeit und Genauigkeit der Lösung	Kraft der Lösung	Wirksamkeit der Lösung
Aktivität	Themen identifizieren und gewichten	Interessen zeigen und verstehen	Lösungen kreieren und integrieren
Herausforderung	Umgang mit Vielfalt	Umgang mit Emotionen	Umgang mit Entscheidungsunsicherheit
Resultat	Themenliste	Übersicht über zu berücksichtigende Interessen	Entscheidungsreife Lösungsvarianten

Abb. 19: Drei-Phasen-Modell des Entscheidungsprozesses

Sie erfahren, mit welchem Resultat jeder Schritt des Entscheidungsprozesses abschließen muss, damit man den nächsten Schritt sinnvoll beginnen kann. Wir erklären, worauf Sie als Entscheider oder Leiter achten sollten, wenn Sie zu guten, d. h. robusten und tragfähigen Entscheidungen kommen möchten, und stellen praxiserprobte Methoden vor, mit denen sie dieses Ziel erreichen. Anhand eines fiktiven Fallbeispiels aus der Unternehmenswelt können Sie den von uns empfohlenen strukturierten Entscheidungsprozess Schritt für Schritt nachverfolgen und lernen bereits einige Methoden in der Anwendung kennen. Im Methodenkatalog des dritten Kapitels finden Sie dann alle Methoden mit entsprechenden Anleitungen und Tipps ausführlich erläutert.

2.1 Von der Routineentscheidung zum strukturierten Entscheidungsprozess

Fast jeder Entscheidungsprozess beginnt mit dem Versuch, ein Problem auf herkömmliche Art und Weise wie eine Routineaufgabe zu lösen. Manchmal funktioniert das, weil die Komplexität der Entscheidungssituation nicht allzu hoch ist, und manchmal gelangt man zu der schmerzlichen Erkenntnis, dass es so einfach wohl doch nicht geht. Wenn in der Diskussion klar wird, dass die inhaltlichen und sozialen Implikationen einer Entscheidung weit komplexer sind, als im Rahmen eines einmaligen Meetings geklärt werden kann, stehen der Entscheider und die an der Entscheidung Beteiligten vor einer neuen Situation. Dies erkennt man häufig daran, dass die vorgeschlagenen Optionen genauso viele Befürworter wie Skeptiker haben. Die erste große Herausforderung komplexer Entscheidungssituationen liegt dann darin, dem Impuls, Führungsstärke zu zeigen, indem man schnelle, einsame und vermeintlich klare Entscheidungen fällt, *nicht* nachzugeben. Vor einer solchen Herausforderung stehen auch die Protagonisten in unserem fiktiven Fallbeispiel.

Fallbeispiel: Globo Reiseversicherung

Entscheidung für die Zukunft

Am Abend des 13. April 2008 erhält der Vorstandsvorsitzende der Globo Reiseversicherung in Wien, Dr. Werner Reiter, einen Anruf aus London von Margareth Sutherland, General Manager Marketing & Sales der Trust Insurance Ltd. Ms. Sutherland erklärt Dr. Reiter, dass Trust für die Expansion in die osteuropäischen Märkte dringend einen starken Partner in der Sparte Reiseversicherung sucht. Wichtig sei, dass dieser Partner bereits über gute Kontakte und Beziehungen in diesen Märkten verfüge. Trust beabsichtige, mit diesem Partner einen Exklusivvertrag für alle osteuropäischen Länder abzuschließen. Ms. Sutherland lädt Dr. Reiter ein, sich zu überlegen, ob Globo diesbezüglich mit Trust in Verhandlung treten möchte. Sie lässt während des Gespräches durchblicken, dass Trust auch noch andere Reiseversicherer ansprechen wird und dass absolute Diskretion auf beiden Seiten Voraussetzung für eine erfolgreiche Zusammenarbeit sei. Offensichtlich steht Ms. Sutherland unter Zeitdruck, den sie möchte möglichst schnell eine Antwort. Dr. Reiter dankt für die Anfrage, bekundet grundsätzliches Interesse und verspricht, ihr binnen 48 Stunden eine Antwort zu geben.

Globo ist die einzige reine Reiseversicherung Österreichs und mit einem Marktanteil von 45 % klare Marktführerin. Sie ist nur auf dem österreichischen Markt tätig. Globo erwirtschaftet 35 % ihres Prämienvolumens über andere Versicherer, 30% über Reisebüros, 25 % über Kreditkarten und 10% durch Direktmarketing. Globo betreibt eine eigene Notfallzentrale, die schon seit über dreißig Jahren auf Notfälle in osteuropäischen Ländern spezialisiert ist. Globo verfügt über Mitarbeitende, die die entsprechenden Sprachen beherrschen, sowie über ein gutes Netzwerk lokaler Ärzte und Spitäler.

Trust ist weltweit die Nummer zwei unter den Versicherern und in Europa marktführend. Trust hat in den letzten zehn Jahren in allen europäischen Ländern große lokale Versicherer aufgekauft und so seine Marke in allen Märkten erfolgreich verankert. Es ist allgemein bekannt, dass Trust alles daransetzt, eine marktdominierende Stellung in den osteuropäischen Märkten zu schaffen und – wo eine solche schon besteht – diese weiter auszubauen und zu stärken.

Dr. Reiter, ehemaliger Partner einer internationalen Beratungsfirma, führt Globo seit zwei Jahren und hat in diesem eher traditionellen Versicherungsunternehmen schon vieles verändert. Auf eine solche Gelegenheit hatte er schon lange gewartet. Eine Zusammenarbeit mit einem Partner wie Trust würde Globo in eine ganz andere Liga bringen. Zum einen hat er das Mandat des Aufsichtsrats, die Expansion Globos voranzutreiben. Zum andern wittert er hier die Chance, der Begrenztheit eines nur lokalen Engagements zu entkommen. Er setzt eine dringende Besprechung mit seinen vier Vorstandskollegen am nächsten Morgen um 8:30 Uhr an.

Bei der Vorstandsbesprechung zeigt sich, dass eine rasche Entscheidung Risiken birgt. Die Leiterin Marketing & Sales ist zwar sehr interessiert und sieht durchaus Chancen, weist aber darauf hin, dass – wenn diese Verhandlung an die Öffentlichkeit dringt – Globo mit den bestehenden Kunden Probleme bekommen könnte.

Der CFO steht der Anfrage skeptisch gegenüber, da er befürchtet, dass eine solche Expansion über die Möglichkeiten von Globo hinausgehen und so das Unternehmen zu einem Übernahmekandidaten machen könnte. Trust ist in der Vergangenheit schon mehrfach Kooperationen mit kleineren Versicherungen eingegangen und hat sie kurz darauf übernommen. Zudem verfolgt Trust eine One-Brand-Strategie und die übernommenen Gesellschaften verschwanden als Marke innerhalb kurzer Zeit.

Der Leiter Produkte ist der Meinung, dass man sich diese Chance auf keinen Fall entgehen lassen darf und unbedingt in Verhandlung treten muss. Er ist der Überzeugung, dass Globo als spezialisierte Versicherung nur überleben und wachsen kann, wenn sie eine enge Kooperation mit einem starken Partner eingeht.

Der Leiter Operations sieht in einer Partnerschaft mit Trust zwar eine Wachstumschance, aber weist auf die bestehenden Kapazitätsgrenzen von Globo hin, die nicht so schnell verändert werden können.

Nach einer Stunde intensiver Diskussion unterbricht Dr. Reiter die Besprechung und bittet die Vorstandsmitglieder, sich ab 16:00 Uhr für einen Entscheidungsworkshop bereitzuhalten.

Bei Entscheidungsträgern entsteht der Impuls, Komplexität zu ignorieren, mit einsamen Entscheidungen voranzupreschen und damit Führungsstärke zu demonstrieren, aus einer Frustration heraus, die unterschiedliche Ursachen haben kann: Die eigene Begeisterung wird nicht geteilt. Es geht nicht so zügig voran, wie man erhofft hatte. Chancen schwinden. Machtverlust zeichnet sich ab. Außerdem besteht die Gefahr, dass von Entscheidungsträgern sogar verlangt wird, schnell Klarheit zu schaffen, die zu diesem frühen Zeitpunkt jedoch unmöglich gegeben sein kann.

Entscheider und Entscheidungsgruppen, die einer gründlichen Auseinandersetzung mit Komplexität entgehen wollen und stattdessen auf vermeintliche Klarheit setzten, manövrieren sich nur allzu schnell in eine Situation falscher Entschiedenheit hinein. Wenn eine Entscheidungssituation sich als komplexer herausstellt, als man anfangs dachte, geht es also darum, dem Stress, Frust und Gruppendruck nicht nachzugeben. Hier gelangt man nur zu einer konstruktiven Lösung, wenn die Beteiligten Einsicht in die tatsächliche Komplexität der Situation zulassen und das tun, was wirklich hilft: nämlich einen strukturierten Entscheidungsprozess starten.

Beim Übergang von einer Routineentscheidung zu einem strukturierten Entscheidungsprozess ist es sehr wichtig, die tatsächliche Komplexität der Entscheidungssituation anzuerkennen. Die Führungsstärke des Entscheiders zeigt sich hier in der Erkenntnis: »Lieber richtig als schnell!« Falls erforderlich, heißt das auch, die Reset-Taste zu drücken und noch einmal von vorn zu beginnen.

Bei den am Entscheidungsprozess Beteiligten muss man für zweierlei sorgen: Erstens dürfen konträre bzw. abweichende Sichtweisen nicht benachteiligt oder verunglimpft werden. Zweitens muss allen bewusst sein, dass man sich hier nicht für eine schnelle Lösung, sondern zunächst einmal für eine bestimmte Vorgehensweise zur Lösungsfindung entscheidet. Das formale Ergebnis dieses Schrittes ist dann die Entscheidung für eine strukturierte Vorgehensweise.

2.2 Map: Die Entscheidungslandschaft kartieren

Der Fall Globo Reiseversicherung

Situationsanalyse durch Dr. Reiter

Dr. Reiter kommt zu dem Schluss, dass er, bevor er einen größeren Kreis von Mitarbeitenden hinzuzieht, zuerst Klarheit über die Situation schaffen muss. Er setzt sich darum mit seiner Stellvertreterin, Mag. Cornelia Schönherr, dem Vorstand Marketing & Sales, zusammen. Gemeinsam erstellen sie eine Situations- und eine Stakeholderanalyse.

Situationsanalyse

Entscheidung Was soll entschieden werden, was nicht	▪ Soll Globo mit Trust Verhandlungen aufnehmen? ▪ Unter welchen Bedingungen? ▪ Wir müssen NICHT entscheiden, oben wir eine Partnerschaft eingehen oder nicht
Fakten Was wissen wir	▪ Trust sucht einen Exklusivpartner für Osteuropa ▪ Andere Versicherer werden auch angefragt ▪ Es bestehen keine weiteren Angaben, wie die Zusammenarbeit aussehen könnte ▪ Antwort an Trust in 48h
Annahmen Welche können wir treffen	▪ Der Aufsichtsrat ist an einer Expansion interessiert ▪ Wir sind das einzige Österreichische Unternehmen, das angefragt wurde
Regeln und Grundsätze Welche müssen beachtet werden	▪ Größte Vertraulichkeit muss gewahrt bleiben. Es darf nichts nach außen dringen! ▪ Der Aufsichtsrat wird durch den Vorstandsvorsitzenden informiert ▪ Unsere Partner werden von uns und nur nach Genehmigung CEO persönlich informiert
Beteiligte Wer ist einzubeziehen (Stakeholder Analyse)	▪ Alle Vorstände ▪ Leiterin Legal & Tax (Rechtsdienst) ▪ Key Account Manager Kunde Adler

Abb. 20: Situationsanalyse

Um den letzten Punkt der Situationsanalyse, »Beteiligte«, ausfüllen zu können, erarbeiten Dr. Reiter und Frau Schönherr eine Stakeholder Map, auf der sie nicht nur alle für diese Entscheidung relevanten Stakeholder aufführen, sondern auch vermerken, wie wichtig diese jeweils für die Entscheidung sind und wo sie – aus Sicht von Reiter und Schönherr – in puncto Zustimmung und Unterstützung stehen. Sie überlegen sich dabei auch, wer welches Anliegen hat und welche Hoffnung oder Befürchtung hegt.

Stakeholder		Einfluss	Zustimmung	Unterstützung	Motiv/Anliegen
1	CEO	10	9	9	Mandat vom Aufsichtsrat, grosse Chance
2	Leiter Finanzen CFO	5	-2	0	Sieht Riskio der Übernahme durch Trust
3	Leiterin Marketing	5	4	6	Sieht nutzen aber auch Risiken
4	Leiter Operations	5	3	4	Könnte unsere Kapazität übersteigen, Wachstum = Chance
5	Leiter Produkte	5	8	8	Grosse Chance, brauchen als Spartenversicherer Partner
6	Aufsichtsrat	10	7	2	Hat Wachstumsziel gesetzt, noch nicht einzubeziehen
7	Leiterin Recht	3	0	3	Keine explizite Meinung aber unterstützend
8	Aufsichtbehörde	10	0	0	kein Einfluss zu diesem Zeitpunkt
9	Börse	1	5	0	Würde positiv reagieren, aber auch Erwartungsdruck erhöhen
10	Adler Versicherung	10	-5	-5	könnte uns unter Druck setzten, wenn sie von der Verhandlung hören
11	Versicherungskunden	10	-3	-3	skeptisch bis ablehnend, könnten sich nach alternativen Anbietern umsehen
12	Reisebürokunden	1	-3	0	Vermutlich skeptisch, aber werden nicht handeln

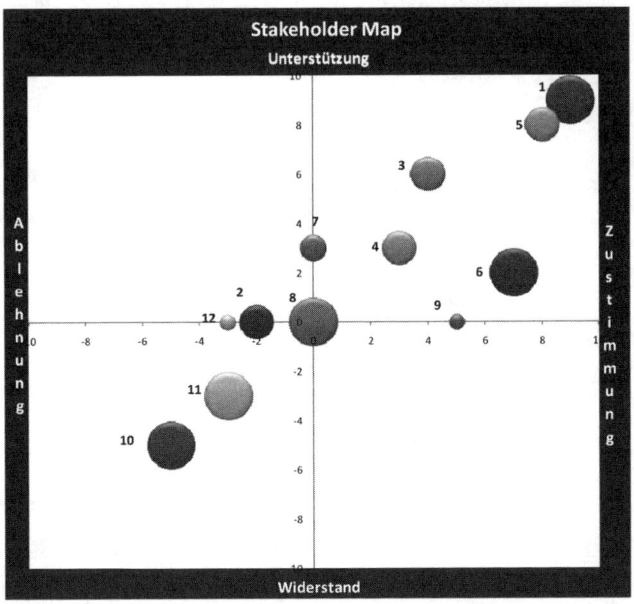

Abb. 21: Stakeholder Map (als Tabelle und als Excel-Diagramm)

Dr. Reiter informiert anschließend den Aufsichtsrat über die Anfrage von Trust und lädt aufgrund der Situationsanalyse einen erweiterten Kreis von Mitarbeitenden zum Entscheidungsworkshop ein. Er beschließt, dem Entscheiderkreis die Situationsanalyse, nicht aber die Stakeholder Map vorzulegen. Außerdem bittet er Frau Dr. Strauß, die Leiterin Legal & Tax, den Entscheidungsprozess zu leiten, damit er sich ganz auf die Entscheidung konzentrieren kann und nicht auch noch den Prozessablauf koordinieren muss.

Unterschiedliche Sichtweisen erfassen

Am Nachmittag findet der angekündigte Entscheiderworkshop mit den von Dr. Reiter bestimmten Personen, dem Entscheidungskreis, statt. Ziel dieses kurzen Workshops ist es, Transparenz bezüglich aller Themen zu schaffen, die im Rahmen der Entscheidungsfindung berücksichtigt werden müssen. Gleichzeitig soll auch erreicht werden, dass kontroverse Sichtweisen und konkurrierende Interessen und Anliegen offengelegt werden.

Zu Beginn des Workshops stellt Dr. Reiter die von ihm und Frau Schönherr erarbeitete Situationsanalyse vor. Frau Dr. Strauß als Leiterin bzw. Moderatorin bittet dann die Teilnehmenden, kurz dazu Stellung zu nehmen, wie jeder Einzelne die aktuelle Situation sieht.

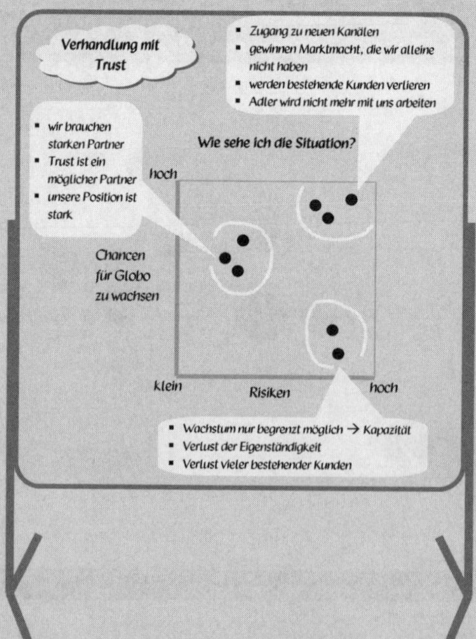

Abb. 22: Transparenzfrage (1-Punkt-Frage)

Durch diese Einstiegsfrage und eine entsprechende Visualisierung der Antworten wird erreicht, dass die unterschiedlichen Sichtweisen transparent und gleichberechtigt behandelt werden. Anschließend sammelt Frau Dr. Strauß anhand einer offenen Fragestellung die relevanten Themen.

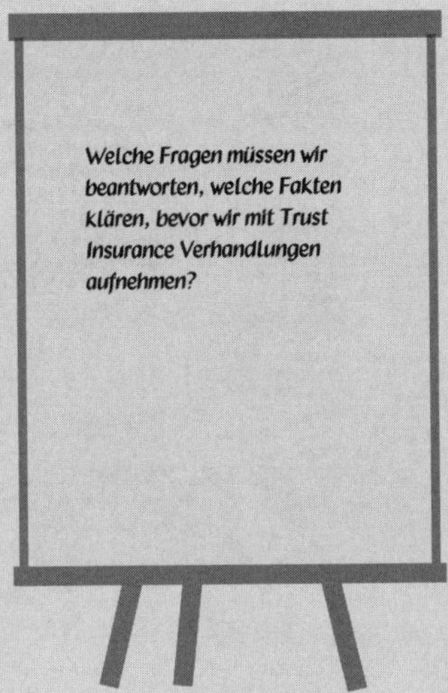

Abb. 23: Kartenfrage mit offener Fragestellung

Die Mitglieder des Entscheidungskreises schreiben ihre Fragen, Anliegen und Themen auf Karten, sortieren diese nach inhaltlicher Zusammengehörigkeit und formulieren dann Überschriften bzw. Arbeitstitel.

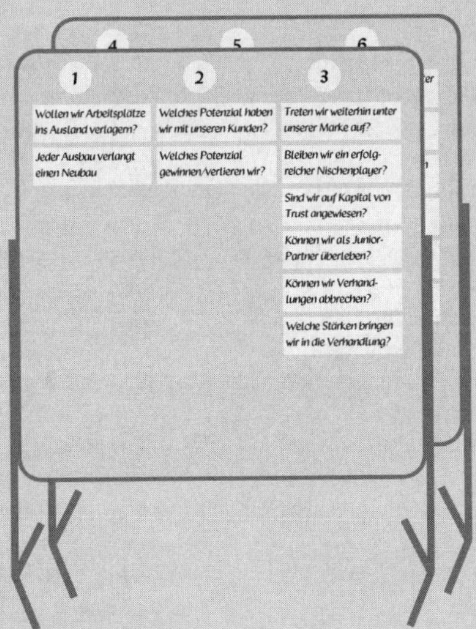

Abb. 24: Ergebnisse der Kartenfrage

Auf diese Weise entsteht ein Katalog der zu bearbeitenden Themen und Fragen.

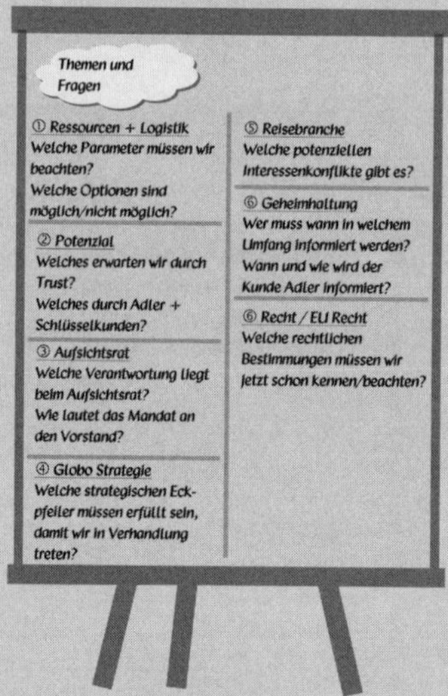

Abb. 25: Themenkatalog

In der Diskussion zeigt sich bald, dass das heiße Eisen die Frage ist, ob, wann und wie Adler-Versicherungen, Globos wichtigster Kunde, der selbst Ambitionen in den osteuropäischen Märkten hat, informiert werden soll. Diesbezüglich gibt es im Entscheidungskreis zwei Fraktionen, die sehr engagiert wie folgt argumentieren:

Nicht informieren	Sofort informieren
▪ wir dürfen nicht von einem Kunden abhängig sein ▪ Adler diskutiert ihre Strategie auch nicht mit uns ▪ Adler macht immer mehr Druck auf Preise und Konditionen, wir müssen auch Alternativen prüfen ▪ mittelfristig können wir als Nischen-Player im Binnenmarkt nicht überleben; wir suchen besser jetzt – aus der Position der Stärke – einen wirklich großen Partner	▪ 25 Jahre erfolgreiche und vertrauensvolle Zusammenarbeit kann nicht leichtsinnig geopfert werden ▪ die Versicherungsindustrie ist ein Klatschverein: so etwas bleibt nie geheim, also besser selber informieren! ▪ Adler ist Trendsetter im österreichischen Binnenmarkt, wenn wir die verlieren, verlieren wir wahrscheinlich auch andere Versicherungskunden ▪ möglicherweise haben wir mit Adler eine bessere Alternative um zu wachsen ohne zum Junior-Partner und Übernahmekandidaten zu werden

Abb. 26: Visualisierung der Diskussion

Dr. Reiter, Frau Schönherr und Frau Dr. Strauß entscheiden während einer Pause, dass sie dieses kontroverse Thema zuerst klären werden. Das heißt, sie wollen herausfinden, welche Interessen und Bedürfnisse den Argumenten der beiden Fraktionen zugrunde liegen, bevor man mit der Arbeit an den Lösungsoptionen beginnt.

In unserem Fallbeispiel ist spätestens an diesem Punkt klar, dass es sich bei der anstehenden Entscheidung nicht um einen kleinen Routineentscheid handelt. Die Verantwortlichen setzen einen strukturierten Entscheidungsprozess in Gang, der professionell gehandhabt wird und mit der Mapping-Phase beginnt. Diese umfasst zwei Schritte: erstens die Situationsanalyse und zweitens den Schritt »Sichtweisen transparent machen«.

Map I: Situationsanalyse

Die Situationsanalyse liegt in der Verantwortung des Entscheiders. Sie ist sein erster Schritt, um den Rahmen des Entscheidungsprozesses abzustecken und die richtigen Personen einzubeziehen. Nach erfolgter Situationsanalyse kann der Entscheider die Dimension des Entscheidungsprozesses und vor allem den erforderlichen Aufwand (Zeit, Ressourcen) einschätzen.

Bei der Situationsanalyse geht es um die sorgfältige Klärung der Faktoren, die primär die inhaltlich-sachliche Ebene betreffen.

- **Entscheidung:** Hier sind die Dimensionen der Entscheidung festzulegen: Was liegt innerhalb des Betrachtungsrahmens (inside scope) und was liegt außerhalb (outside scope)? In komplexen Entscheidungssituationen besteht nämlich die Tendenz, die Entscheidung und damit ihre Komplexität auszuweiten. Die zu treffenden Entscheidungen sollten hier in Frageform formuliert werden, damit sie nicht schon Lösungen enthalten.
- **Fakten:** Was ist bisher geschehen? Was wissen wir? Die Fakten bilden die Grundlage bzw. Ausgangslage des Entscheidungsprozesses.
- **Annahmen:** Sie gehören ebenfalls zum Entscheidungsprozess. Wichtig ist allerdings, dass sie auch als solche deklariert und nicht plötzlich zu Fakten werden.
- **Regeln und Grundsätze:** Welche Rahmenbedingungen gilt es zu beachten? Welche Grenzen setzt der Entscheider?
- **Beteiligte:** Wessen Mitwirkung ist erforderlich, um zu einer fachlich guten und tragfähigen Entscheidung zu gelangen?

Situationsanalyse

Entscheidung Was soll entschieden werden, was nicht?	
Fakten Was wissen wir?	
Annahmen Welche können wir treffen?	
Regeln und Grundsätze Welche müssen beachtet werden?	
Beteiligte Wer ist einzubeziehen (Stakeholder Analyse)?	

Abb. 27: Formular für die Situationsanalyse

Bei der Ermittlung der Stakeholder sollte zwischen Handelnden, Beteiligten und Betroffenen differenziert werden. Diese Gruppen sind jeweils unterschiedlich stark in die Entscheidung involviert, haben im Hinblick auf die Entscheidungsthematik unterschiedliche Rollen und spüren unterschiedliche Auswirkungen der Entscheidung.

- **Handelnde:** Wer führt? Wer sind die maßgeblichen Personen? Wer leitet den Prozess? Wer verantwortet Qualität und Umsetzbarkeit der Entscheidung?
- **Beteiligte:** Wer kann aufgrund seiner Fachkenntnis und/oder Erfahrung zur Lösung beitragen? Wer muss aufgrund seiner Rolle am Entscheidungsprozess beteiligt werden (z. B. der Betriebsrat)?
- **Betroffene:** Wessen mutmaßliche Interessen müssen berücksichtigt werden? Wie und in welchem Umfang sind Betroffene zu beteiligen?

SCRUM (www.scrumalliance.org) heißt eine relative neue und agile Projektarbeitsmethode, die auf sehr unkonventionelle Weise zwischen Betroffenen und Beteiligten unterscheidet. Stakeholder sind hier entweder Pigs (Schweine) oder Chicken (Hühner), in Anlehnung an einen populären englischen Witz, den man kaum übersetzen kann, ohne dass er an Pointiertheit verliert. Deshalb sei er hier im Original zitiert:

A chicken and a pig were brainstorming.
Chicken: Let's start a restaurant!
Pig: What would we call it?
Chicken: Ham 'n' Eggs!
Pig: No thanks. I'd be committed, but you'd only be involved!

Es geht also darum, herauszufinden, auf welche Weise und wie stark bestimmte Personen und Gruppen jeweils von einer Entscheidung tangiert werden. Haben sie vitale Interessen? Steht für sie je nach Entscheidung viel auf dem Spiel? Oder sind sie einfach nur neugierig und möchten, dass ihre Meinung zum Thema gehört wird? Die SCRUM-Methodik bestimmt dann, in welcher Weise Pigs und Chicken in die Prozess-Schritte einbezogen werden, damit zügig und effektiv gearbeitet werden kann.

Zur präzisen Einschätzung Betroffener und Beteiligter empfehlen wir, eine Stakeholder Map zu erstellen, wie sie auch oben im Fallbeispiel der Globo Reiseversicherung zu sehen ist. Mit Hilfe der Stakeholder Map lässt sich zu Beginn des Entscheidungsprozesses die Zustimmungs- und Unterstützungsbereitschaft der zu beteiligenden Personen und Gruppen dokumentieren und visualisieren. Besonders nützlich ist dies bei Entscheidungen von hoher sozialer Komplexität. Das formale Ergebnis der Situationsanalyse ist ein schriftliches Dokument als Grundlage und Rahmen für den Entscheidungsprozess. Die Stakeholder Map wird als Portfolio abgebildet.

Methoden	Wozu?	Siehe Seite
Situationsanalyse	Mit der Situationsanalyse gewinnen Sie Klarheit über den Umfang einer anstehenden Entscheidung. Sie ist auch Voraussetzung dafür, dass Sie die am Entscheidungsprozess zu beteiligenden Personen auf denselben Wissensstand bringen können.	129
Stakeholder Map	Mit der Stakeholder Map identifizieren Sie Beteiligte, Betroffene und ihre Anliegen und bestimmen ihren Platz im Entscheidungsprozess.	134

Map II: Sichtweisen transparent machen

Die zweite Aufgabe in der Mapping-Phase besteht darin, bei den Beteiligten Divergenz zu erzeugen und dadurch Klarheit über Anzahl und Vielfalt der relevanten Themen zu gewinnen. Dazu muss der Leiter eine Atmosphäre und einen methodischen Rahmen schaffen, die es allen Beteiligten erlauben, ihre persönliche Sicht der Dinge darzustellen. Dabei geht es zunächst um das Sammeln der unterschiedlichen Aspekte und noch nicht darum, Lösungen vorzuschlagen oder Nichtübereinstimmungen zu beheben. Die Anwendung geeigneter Methoden sorgt hier für eine sinnvolle Strukturierung der genannten Aspekte und vermittelt den Beteiligten das Gefühl, dass trotz zahlreicher Unterschiede alles unter Kontrolle ist.

Einen gemeinsamen Rahmen zum Verständnis eines Problems herzustellen, ist nicht immer einfach. Je heterogener die Gruppe und je größer die Unterschiedlichkeit ihrer Erfahrungswelten ist, desto größer ist das Risiko von Missverständnissen und Verwirrung. Deshalb ist es die Kernaufgabe des Leiters, zu gewährleisten, dass verschiedenartige Sichtweisen erstens transparent gemacht und zweitens auch von allen Beteiligten wahrgenommen werden. Dazu muss er genau zuhören, prüfend nachfragen, vermittelnd zusammenfassen und immer wieder mit den Beteiligten klären, was sie mit bestimmten Begriffen und Beiträgen eigentlich genau meinen.

Der Leiter hilft den Teilnehmenden auch, sich zu behaupten, wenn sie in der Diskussion angegriffen werden und versucht sein könnten, nur um des lieben Friedens willens ihren Standpunkt aufzugeben. Wichtig ist, dass die Teilnehmenden untereinander nachvollziehen können, was jede oder jeder von ihnen meint und auf welchen Erfahrungen und Anliegen die unterschiedlichen Meinungen jeweils beruhen. Dabei bedeutet, etwas zu verstehen, natürlich nicht zwangsläufig, auch damit einverstanden zu sein.

Divergenz als Ziel der Mapping-Phase heißt also: eine möglichst breite, vollständige und relevante Sammlung der Aspekte, die bei der Entscheidung eine Rolle spielen. Um dies zu erreichen, steckt man zunächst die Themenfelder ab und nimmt dabei eine möglichst weite Perspektive auf das Entscheidungsproblem ein, um anschließend die schwierigen Themen zu identifizieren. Ergebnis der Mapping-Phase sollte sein, dass allen Beteiligten klar ist, welche Themen und Sichtweisen entscheidungsrelevant sein können und wo genau die heißen Eisen liegen.

Themenfelder abstecken

Bei diesem Schritt geht es darum, das heterogene Wissen und die vielfältigen Erfahrungen der Beteiligten für die Entscheidungsfindung nutzbar zu machen. Dazu müssen Wissen und Erfahrungen aber erst einmal artikuliert und sichtbar gemacht werden. Deshalb ist es wichtig, dass die Beteiligten hier gemeinsam die Verantwortung dafür übernehmen, dass alle Aspekte, die irgendwie entscheidungsrelevant sein könnten, auch identifiziert und dokumentiert werden. Offene Fragen helfen dabei, den Horizont zu erweitern: Worin besteht das Problem? Was gehört alles dazu? Was muss gelöst, was muss geklärt und besprochen werden? Was haben wir bereits? Was müssen wir erfinden, neu schaffen?

Zur Erfüllung dieser Aufgabe dienen alle Varianten der moderierten Themensammlung. Wer schon einmal eine wirklich gute Moderation erlebt hat, kennt die überraschend starke Ergebnisqualität einer professionell durchgeführten Kartenfrage, wobei in weniger als einer Stunde eine profunde Themenlandschaft entwickelt werden kann. Die Herausforderung liegt darin, Verschiedenheit zuzulassen und herauszufinden, was genau die Teilnehmer mit ihren individuellen Beiträgen meinen, damit die Karten thematisch sinnvoll gruppiert werden können. Das bringt die Kartenschreiber oft in Erklärungsnot, weil sie für evident bzw. selbstverständlich halten, was andere nicht nachvollziehen können. In der Gruppe kann dies zu Ungeduld und Debatten darüber führen, ob man eine Karte akzeptieren oder besser in den Papierkorb werfen soll. Der erfahrene Moderator jedoch hält hier stand, hilft die Verständnisfragen zu klären und vermeidet die unselige Lösung, dass der Kartenschreiber selbst bestimmt, in welchem Themenkontext sein Beitrag platziert werden soll. Kartenfragen sehen scheinbar unkompliziert aus, bieten aber die perfekte Bühne für Sprachverwirrung und Intoleranz gegenüber fremden bzw. abweichenden Sichtweisen. Verständnis ist ja nicht nur eine Frage der Semantik. Hinter vielen Themen und Begriffen, die in der Diskussion aufkommen, verbergen sich individuelle, subjektive Bedeutungshistorien. Wer die (Erfahrungs-)Welt des anderen nicht kennt, erfasst seine Begriffe unter Umständen nur dem Buchstaben nach, aber nicht in ihrer subjektiv und emotional gefärbten Bedeutung. Doch exakt darauf kommt es an.

Schwierige Themen benennen

Der nächste Schritt nach dem Sammeln und Sortieren aller Themenfelder zielt auf die schwierigen Themen, die heißen Eisen, ab. Hier ist zu ermitteln, bei welchen Themen die größte Unklarheit oder Verwirrung besteht und welche Themen das höchste Konfliktpotenzial aufweisen. Erfahrungsgemäß verursacht diese Aktivität bei allen Beteiligten einen erhöhen Adrenalinspiegel, weil die Auseinandersetzung mit Unwissen oder Interessenkonflikten Führungskräfte schnell zu der Frage veranlasst, wer denn eigentlich schuld daran ist. Jeder, der einen Konflikt benennt, hält auf, und die Versuchung, ihn das spüren zu lassen, ist groß. So werden die Personen, die schwierige Themen offen als solche ansprechen, leicht als Unruhestifter oder Verhinderer abgestempelt. Manchmal gelingt es, die schwierigsten Themen mit Hilfe von Bewertungsmethoden unmittelbar zu identifizieren, aber manchmal zeigen sie sich eher indirekt und zwischen den Zeilen. So äußert vielleicht jemand seinen Unmut mit den Worten, »Können wir nicht endlich über das sprechen, was wirklich dahinter steckt?«, und wird dann unter Umständen das Problem bzw. das Reizthema benennen.

Bei diesem Schritt sind folgende Fragen zu klären: Was sind die wirklich heißen Eisen? Welche versteckten bzw. tabuisierten Probleme und Zusammenhänge müssen ans Licht gebracht werden? Welches Konfliktpotenzial bergen sie? Wenn diese schwierigen Themen identifiziert und dokumentiert sind, kann das weitere Vorgehen abgestimmt werden: Was ist zu tun, damit die schwierigen Themen zielführend diskutiert werden?

Der Fall Globo Reiseversicherung

Der CFO von Globo, Heinrich Radowitz, äußert die Befürchtung, dass Globo sehr schnell die Handlungsfreiheit verliert. Schon allein der Umstand, dass man mit Trust in Verhandlung tritt, könnte Tatsachen schaffen, die eine Partnerschaft zu den Bedingungen von Trust unvermeidlich machen. Er nennt zwei Beispiele von kleineren Versicherungen in der Schweiz, die innerhalb von zwei Jahren, nachdem sie mit Trust eine Partnerschaft eingegangen waren, übernommen wurden und nicht nur ihre Eigenständigkeit, sondern auch ihre Marke verloren.

Der Key Account Manager für Adler-Versicherungen, Helmut Storch, spricht sich klar gegen die Aufnahme von Verhandlungen mit Trust aus.

Er sieht dieselbe Gefahr wie Herr Radowitz, vor allem aber das Risiko, dass Globo das Geschäft mit Adler verlieren könnte. Adler macht 40 % des Versicherungsumsatzes von Globo aus. Herr Storch ist seit 16 Jahren für die Beziehung zu Adler verantwortlich. Es ist seinem Einsatz und seinen guten Verbindungen zu verschiedenen Schlüsselpersonen bei Adler zu verdanken, dass Globo eine so gute Beziehung zu diesem Kunden hat. Er erwähnt mehrfach, dass Globo über die vergangenen Jahre »dicke Gewinne« mit Adler gemacht hat und deshalb auch zu Loyalität verpflichtet sei.

In der Mapping-Phase des Entscheidungsprozesses muss es dem Leiter also gelingen, bei den Beteiligten ausreichende Offenheit für die verschiedenen Blickwinkel zu erzielen. Deshalb fördert er das Denken in Fragen und verhindert, dass Ideen und Interessen schon in Form von fertigen Lösungen in die Diskussion eingebracht werden. Er vermittelt die Einsicht, dass sich Stress und Druck negativ auf die Qualität der zu entwickelnden Lösungsoptionen auswirken, wenn nicht bewusst damit umgegangen wird. Er hilft der Gruppe, sich auf ein strukturiertes Vorgehen einzulassen, denn das schafft den Raum und die Zeit für Flexibilität und Kreativität im Entscheidungsprozess. Ein schneller Schuss aus der Hüfte wäre hier völlig kontraproduktiv. »Wer unter Druck und mit der Angst vor Versagen ein Problem lösen will, ist zu fixiert«, sagt der Kreativitätsforscher Klaus Linneweh. »Er springt aus dem Fenster, statt nach der Feuerleiter zu suchen« (Hamilton 2006, S. 66).

Methoden	Wozu?	Siehe Seite
Themensammlung auf Karten	Mit der Kartenfrage stecken Sie die Themenfelder ab und ermutigen die Beteiligten, ihre Sichtweise zum Thema/Problem einzubringen.	136
Wer-Was-Wann-Wo-Wie-Methode	Diese Methode ist eine Alternative zur Themensammlung auf Karten. Damit unterstützen Sie die Gruppe darin, alle Fragen auf den Tisch zu bringen.	139
Fakten und Meinungen	Dies ist eine sehr wirkungsvolle und einfach anzuwendende Methode, die in Arbeitsgruppen ein hohes Maß an Offenheit darüber schaffen kann, welche Meinungen die Mitglieder der Gruppe voneinander haben.	140

Methoden	Wozu?	Siehe Seite
Gap Analysis	Dies ist die einfache Strukturmethode, mit der Sie die Bearbeitungsreihenfolge der Entscheidungsaspekte/-themen in einer Gruppe festlegen.	141
Unaussprechliches	Mit dieser Methode können Sie den Beteiligten einen Weg zeigen, wie Schwieriges artikuliert und diskutiert werden kann, ohne dass sie weiter gehen müssen, als sie wollen oder können.	143
Drei Beschwerden	Mit dieser Methode schaffen Sie einen strukturierten Rahmen für Beschwerden und Dinge, welche die Beteiligten beschäftigen.	145

2.3 Connect: Themen verknüpfen, Personen verbinden

Der Fall Globo Reiseversicherung

Unterschiedliche Sichtweisen und strittige Punkte klären

Frau Strauß erfasst alle genannten Argumente auf Karten, bittet dann die Teilnehmenden, sich zu ihren Argumenten zu äußern, und schreibt deren Anliegen mit. Dabei entsteht ein Bild von Anliegen und Befürchtungen.

Frau Strauß schaut nun, in welchem Lösungsraum die möglichen Lösungsvarianten liegen müssen, damit eine gute Entscheidung getroffen werden kann.

Nach zweieinhalb Stunden Workshop sind die Fragen bestimmt, die beantwortet werden müssen, und für das kontroverse Thema »Information von Adler-Versicherungen« sind die zu berücksichtigenden Anliegen definiert. Dr. Reiter entscheidet, dass in der nächsten Phase Teams an einzelnen Themenblöcken arbeiten werden. Aufgrund seiner Situationsanalyse und der Themenliste entscheidet er, wer woran weiterarbeitet:

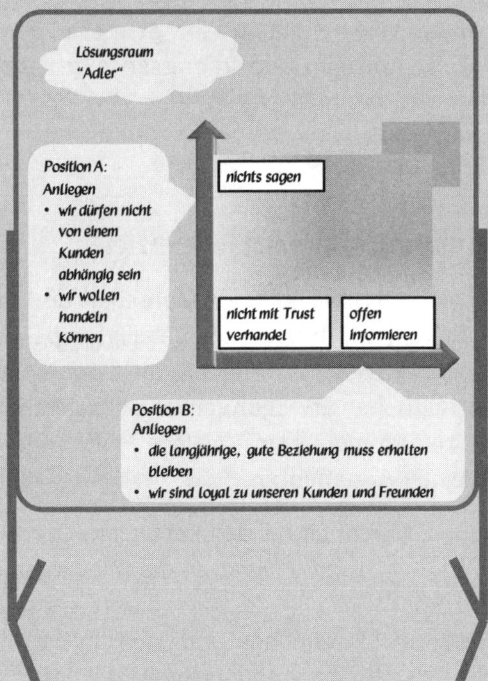

Abb. 28: Lösungsraum

Teilaufgabe	Konditionen, unter denen wir in Verhandlung treten können	Marktpotential + Konkurrenzanalyse	Beziehung zu unseren Versicherungskunden
zu klärende/ bearbeitende Fragen	Globo Strategie Ressourcen + Logistik Welche Alternativen haben wir?	Potential Reisebranche	Geheimhaltung Information von Schlüsselkunden, insbesondere „Adler" Recht/EU Recht
Wer	W. Wohlgemut K. Strauß T. Sauter	A. Schönherr P. Horn	Dr. M. Freud H. Radowitz F. Storch

Es wird vereinbart, dass man sich am nächsten Tag um 13:30 Uhr trifft. Bis dahin erarbeiten die Teams Lösungsalternativen sowie deren Vor- und Nachteile. Dr. Reiter wird eine Liste der Kriterien zusammenstellen, nach denen er entscheiden wird. Er betont nochmals, dass es darum geht, zu entscheiden, ob mit Trust verhandelt wird, und wenn ja, unter welchen Bedingungen, und nicht darum, ob Globo eine Partnerschaft mit Trust eingehen soll oder nicht.

Nach der Mapping-Phase erreicht die Entscheidungsgruppe also nun die Phase der Auseinandersetzung. Wie der Name sagt, geht es in der Connecting-Phase darum, unterschiedliche Anliegen und Interessen miteinander zu verknüpfen. Das funktioniert aber nur, wenn es gelingt, eine Verbindung zwischen den beteiligten Personen herzustellen.

Connect I: Verständnis für Unterschiede erzielen

Um sich wirklich konstruktiv mit anderen Menschen und ihren Standpunkten auseinandersetzen zu können, müssen alle Beteiligten bereit sein, die eigenen Positionen offenzulegen. Das heißt für jeden, die eigenen Interessen, Anliegen und Motive frei von taktischen Erwägungen zu artikulieren: Was bewegt mich, so und nicht anders zu argumentieren? Welche Hoffnungen, Ängste und Risiken stehen hinter meinen Argumenten?

Über die Möglichkeiten, Offenheit bei den Beteiligten zu erzielen, haben wir im ersten Kapitel schon geschrieben. Nachdem die relevanten Aspekte und Themen identifiziert sind, könnte es ja einfach nur darum gehen, die verschiedenen Vorschläge und Ideen durchzusprechen und mehr in die Tiefe zu diskutieren. Aber in der Praxis ist dies oft eine wenig erfreuliche Phase. Jeder hat seinen eigenen Referenzrahmen und schnell kann die Kommunikation zusammen- bzw.

auseinanderbrechen. Wenn Menschen sich missverstanden fühlen, verhalten sie sich oft ungeduldig, egozentrisch und auch destruktiv. Diese Phase ist nicht einfach auszuhalten. Viele Gruppen fliehen aus der Ungemütlichkeit dieser Phase, lange bevor sie die Fähigkeit erlangt haben, gemeinsam in eine Richtung zu denken. Das spiegelt sich dann in der mangelnden Qualität ihrer Entscheidung wider.

Den Perspektiven der anderen zu folgen und ein gemeinsames Verständnis herzustellen, heißt, die eigenen Scheuklappen abzulegen, den Blick über den Tellerrand zu wagen und sich in die Rollen anderer hineinzuversetzen. Das ist anstrengend, aber notwendig, wenn Sie robuste und tragfähige Entscheidungen treffen wollen. Nutzen Sie also Ihre Spiegelneuronen!

Verständnis untereinander kann auch durch Aktivitäten gefördert werden, die mit einem konkreten Entscheidungsfall gar nichts zu tun haben: etwa gemeinsame Unternehmungen, eine Wanderung (nach dem Motto: »Wenn man etwas bewegen will, muss man sich bewegen!«) oder ein Abend am Kamin. Es ist leichter, dem Denken eines anderen zu folgen, wenn man diese Person in ihrer Menschlichkeit erlebt hat.

Die Kernabsicht in der Connecting-Phase lautet: Verstehen. Es geht also noch nicht um die konkreten Lösungen, sondern darum, hinter den Positionen und Forderungen der anderen ihre Motive und Interessen, und noch eine Schicht tiefer, ihre Bedürfnisse und Werte zu erkennen. Hier kommt das Konzept des Lösungsraums zum Einsatz, das wir bereits im ersten Kapitel (S. 36) vorgestellt haben. Lösungsraum entsteht, wenn wir die strikte Entweder-oder-Haltung hinsichtlich unterschiedlicher Positionen aufgeben und uns auf einen echten Austausch über Interessen, Anliegen und Bedürfnisse einlassen, die diesen unterschiedlichen Positionen zugrunde liegen.

Connect II: Eine gemeinsame Basis schaffen

Gegenseitiges Verständnis ist im Entscheidungsprozess elementar. Es gilt herauszufinden, was genau die anderen in ihrer Argumentation jeweils antreibt, und den Emotionen der beteiligten Akteure eine Bühne zu geben, auf der sie wahrgenommen, artikuliert und verstanden werden können.

Aber das allein ist nicht genug. Menschen haben nicht umsonst einen Frontalkortex, können die emotional gefärbten inneren Ratschläge orchestrieren, abwägen, abgleichen, mit Logik und Rationalität ergänzen und vernünftige Entscheidungen treffen. Manchmal lassen die Erkenntnisse der Hirnforschung über die Bedeutung der Emotionen den Eindruck entstehen, als könnten wir auf Rationalität gänzlich verzichten, aber das ist natürlich nicht korrekt. »Emotional« bedeutet nicht automatisch »unvernünftig« und »rational« ist nicht ohne Weiteres »vernünftig«. Von Linus Paulig stammt in diesem Zusammenhang der Satz: »Wenn der Mensch so viel Vernunft hätte wie Verstand, wäre vieles einfacher« (Quelle: www.gutzitiert.de, 2009).

An dieser Stelle verweisen wir noch einmal auf unsere Ausführungen zu Irrtümern und Fehlschlüssen (Seite 18 ff.). Besonders die Herdentrieb-Versuchung drängt sich in den Vordergrund, wenn spannungsgeladene Themen besprochen werden müssen. In der Connecting-Phase nimmt der Leiter zur Unterstützung der Entscheidungsgruppe deshalb wieder ein ganzes Bündel von Aufgaben wahr:

- Er sorgt für den respektvollen Umgang der Beteiligten miteinander und für entschiedene Offenheit. Er kanalisiert in der Diskussion den Eifer des Gefechts und lenkt ihn in konstruktive Bahnen.
- Die möglicherweise vorhandene Angst vor negativen Konsequenzen oder andere Hindernisse für Offenheit und Ehrlichkeit spricht der Leiter gezielt an, damit allen klar wird, dass Unsicherheit hier völlig akzeptabel ist. Gegenseitiges Vertrauen entsteht nicht auf Anweisung oder durch Vorschrift. Aber wenn Vorsicht respektiert wird, sind die Menschen oft bereit, mehr Offenheit zu wagen.
- Der Leiter wirbt für die Bereitschaft der Beteiligten, sich auch auf unangenehme Auseinandersetzungen einzulassen und ihnen standzuhalten.
- Der Leiter gewährleistet die Verbindlichkeit des gemeinsamen Fundaments der Gruppe und überprüft, ob die Basisübereinkünfte auch wirklich eingehalten werden. Stellt sich heraus, dass z. B. alte Konkurrenzkämpfe wieder ausbrechen, werden solche »Rückfälle« direkt angesprochen.
- Der Leiter schafft und erhält eine Atmosphäre der Lösungsoffenheit. Bei der Auseinandersetzung mit den schwierigen Themen reicht es, wenn sozusagen die Wegweiser gesetzt sind; die genaue Wegstrecke zur Lösung entsteht in der nächsten Phase des Entscheidungsprozesses.
- Auf der inhaltlichen Ebene achtet der Leiter darauf, dass die vorgebrachten Argumente und Schlussfolgerungen auch den Anforderungen von Logik und Rationalität gerecht werden.

Ziel der intensiven Auseinandersetzung ist, dass am Ende dieses Schritts Interessen, Motive, Bedürfnisse und Werte, die den genannten Positionen zugrunde liegen, transparent und wirklich verstanden sind. Formales Ergebnis ist eine Kriterienliste für die Konstruktion der Lösungsoptionen.

Die nachfolgenden Methoden helfen dabei, Transparenz im Hinblick auf die unterschiedlichen Anliegen und Bedürfnisse zu schaffen und diese in einer Matrix neuer Lösungsräume zusammenzufassen.

Methoden	Wozu?	Siehe Seite
Perspektiven erkunden	Mit der nachfolgend beschriebenen Struktur verhindern Sie, dass die Beteiligten kritische Fragen als Kritik auffassen.	146
Von Positionen zu Interessen und Bedürfnissen	Wenn die Argumente sich im Kreis drehen, hören Sie besser auf, über vorgeschlagene Lösungen zu diskutieren. Dann ist es an der Zeit, über die dahinter liegenden Motive und Interessen zu reden. Mit dieser Methode können Sie Klarheit über Anliegen und Bedürfnisse der Beteiligten schaffen.	147
Feedback-Kreis	Dies ist eine sehr wirkungsvolle und einfach anzuwendende Methode, die in Arbeitsgruppen ein hohes Maß an Offenheit darüber schaffen kann, welche Meinungen die Mitglieder der Gruppe voneinander haben.	149
Reconciliation	Mit dieser Methode lösen Sie das Gegeneinander von Interessen und Anliegen auf. Dadurch, dass die unterschiedlichen Interessen auf zwei Achsen dargestellt werden, entsteht ein Raum für neue Lösungen, die möglichst vielen Interessen gerecht werden.	152

2.4 Compose: Lösungsoptionen entwickeln

Der Fall Globo Reiseversicherung

Lösungen (er)finden

Das Team, das sich mit dem Themenblock »Beziehung zu unseren Versicherungskunden« auseinandersetzt, trifft sich anderntags um 7:30 Uhr. Es beschließt, zuerst gemeinsam das Thema »Information von Schlüsselkunden, insbesondere Adler-Versicherungen« zu bearbeiten und sich dann aufzuteilen, um die beiden anderen Themen zu bearbeiten.

Frau Radowitz schlägt vor, zunächst Ideen zu sammeln und diese dann nach der »Methode des zugrunde liegenden Prinzips« zu erweitern (vgl. Seite 160). Die drei Teammitglieder sind sich einig, dass die Lösungsideen irgendwo im gelb-grünen Bereich liegen.

Idee	Prinzip	Weitere Idee des gleichen Prinzips
Information auf der Ebene Aufsichtsrat und Vorstandsvorsitzender, nachdem wir Trust unsere Bereitschaft zur Verhandlung bekundet haben	Vertrauen Beziehungen nutzen die Initiative bei uns behalten	▪ Haltung, Anliegen von „Adler" kennen lernen. Vielleicht ist denen das ja egal, solange wir in Österreich für sie arbeiten. ▪ Kein Geheimnis daraus machen. „Trust" darüber informieren, dass die Tatsache, dass wir verhandeln, nicht geheim sein soll, der Inhalt der Verhandlungen aber schon. ▪ „Globo" dementiert das „Gerücht" vorsorglich.
Parallel mit Adler über eine gemeinsame Expansionsstrategie Verhandlungen aufnehmen	Partnerschaft Gemeinsames Vorgehen	▪ Adler als Partner mit ins Boot holen, d.h. Globo/Adler verhandeln gemeinsam mit „Trust". ▪ Mit mehreren österreichischen Versicherern ein Joint-Venture als Konkurrenz zu Trust machen ▪ „Globo" übernimmt die Initiative, d.h. wir treiben eine Expansionsstrategie, wofür wir Partner suchen. Dabei ist „Trust" ein möglicher Partner.

Das Team beschließt, für die beiden folgenden Ideen Optionen auszuarbeiten:

1. Kein Geheimnis daraus machen: Trust darüber informieren, dass die Tatsache, dass wir miteinander verhandeln, nicht geheim sein soll, der Inhalt der Verhandlungen aber schon.
2. Globo übernimmt die Initiative, d. h. wir verfolgen eine Expansionsstrategie, für die wir Partner suchen. Dabei ist Trust ein möglicher Partner.

Alternativ dazu: Mit mehreren österreichischen Versicherern ein Joint Venture als Konkurrenz zu Trust gründen.

Beurteilung von Varianten

Während die Teams an ihren Lösungsoptionen arbeiten, überlegt sich Dr. Reiter, nach welchen Kriterien er die Optionen beurteilen will. Er wählt die folgenden Kriterien:

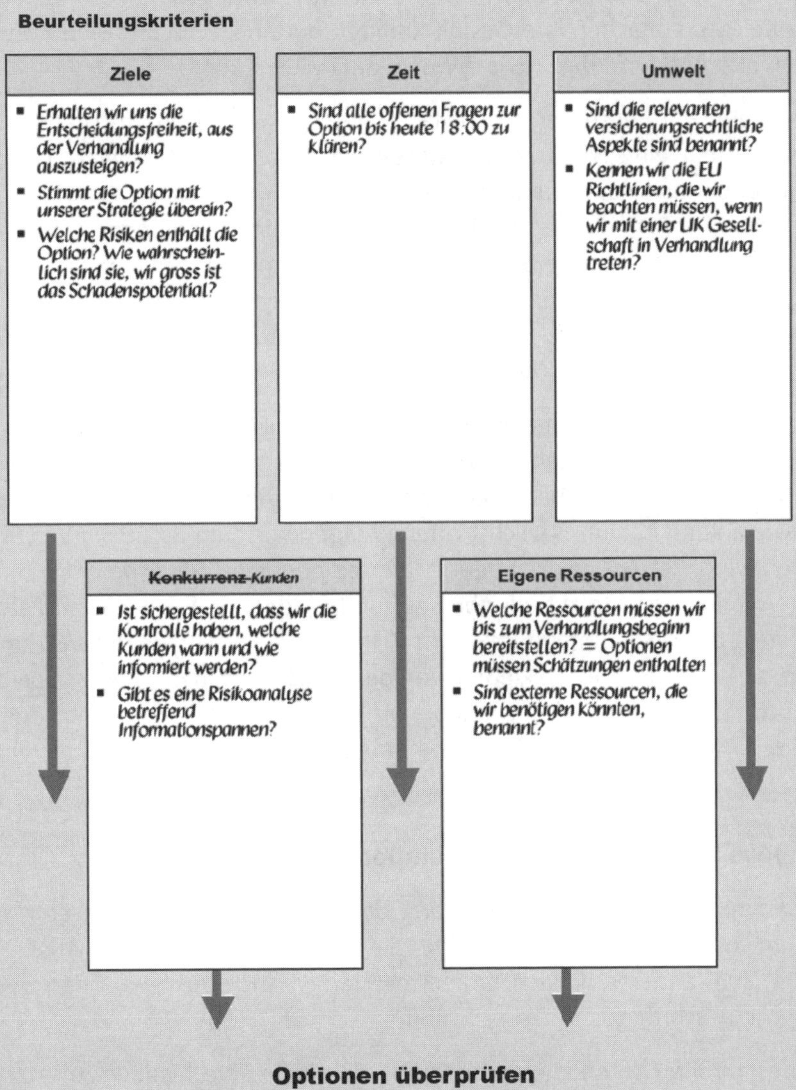

Abb. 29: Kriterien für Lösungsoptionen

In der Composing-Phase geht es darum, Lösungsvarianten zu entwickeln, die möglichst viele Interessen und Anliegen in eine Lösung integrieren. Dazu dient ein Drei-Schritt-Verfahren: Lösungsideen (er)finden und einschätzen, Lösungsoptionen komponieren, Beurteilungskriterien zusammenstellen.

Compose I: Lösungsideen finden und einschätzen

»Ideen sind nur Ausgangspunkte«, sagte Pablo Picasso. »Um zu wissen, was man will, muss man anfangen.« Eine Idee zeigt in eine vielversprechende Richtung. Aber eine Idee ist noch nicht die Lösung. Lösungsoptionen ranken sich um gute Ideen, machen ihre Gestalt konkret, betten sie ein und sind Kompositionen, also Entwürfe dazu, wie etwas funktionieren könnte.

Dies ist nun die Phase der Kreativität. Finden, was hilft, Brainstorming, Analogien nutzen, eine Mind Map erstellen – es gibt unzählige Methoden, wie eine Gruppe zu einer Sammlung von Ideen kommen kann. Gemein ist allen Methoden das Prinzip, dass die Phase der kreativen Erzeugung von Ideen von der Phase ihrer Bewertung oder Einschätzung getrennt bleiben muss. Nichts ist kontraproduktiver, als wenn beim Brainstorming jeder Vorschlag sofort mit negativen Bemerkungen oder Grimassen abgetan wird. Damit werden Kreativität, Lust und Engagement im Keim erstickt.

Man muss also bei der Ideensammlung den Beteiligten zunächst klarmachen, dass es hier nur darum geht, möglichst viele Ansatzpunkte zu finden. Die Filter, Hebel und Weichen baut man erst in den folgenden Schritten ein. Bei der Ideensammlung helfen möglichst offene Fragen wie zum Beispiel: »Wo überall können wir ansetzen, um Bewegung in diese oder jene Angelegenheit zu bringen?« Wenn dann fünfzig oder besser hundert Ideen auf der Pinwand stehen, kann man den Teilnehmenden je fünf Klebepunkte geben (Take Five!) und sie bitten, sie auf jene Ideen zu kleben, von denen sie sich am meisten versprechen. Dadurch lässt sich schnell und unkompliziert eine Top-Five-Liste der Ideen erstellen, deren Vertiefung und Ausarbeitung sich zu lohnen scheint.

Compose II: Lösungsoptionen komponieren

Die Sammlung und erste Einschätzung der Ideen bringt zweierlei: Zum einen gewinnt man konkrete Ansatzpunkte, die sich auszuarbeiten und zu vertiefen lohnen. Zum anderen wirkt sich die Kreativarbeit auch positiv auf den zweiten Composing-Schritt aus.

Lösungsoptionen komponieren bedeutet, dass man verschiedene Ansatzpunkte und Szenarien zusammenstellt. Im Globo-Fall heißt die Ausgangsidee »Expansion vorantreiben«. Die diesbezüglich zu entwickelnden Lösungsoptionen beziehen sich dann darauf, unter welchen Bedingungen und wie genau diese Ausgangsidee aufgehen und funktionieren kann (»Wenn wir bei Globo dafür sorgen, dass ...; wenn wir Trust davon überzeugen, dass ...; wenn wir bei Adler vermitteln können, dass ...«). Dabei kann das Verhältnis zwischen Idee und Lösungsoption analog zum Verhältnis zwischen Zutat und Gericht verstanden werden: Zutaten alleine schmecken (in der Regel) nicht, sondern man muss sie zusammen mit anderen Zutaten und Gewürzen sowie nach einem bestimmten Rezept (Prozessbeschreibung) zu einem Gericht komponieren.

In der Praxis nutzen wir folgende Matrix zur Entwicklung von Lösungsoptionen:

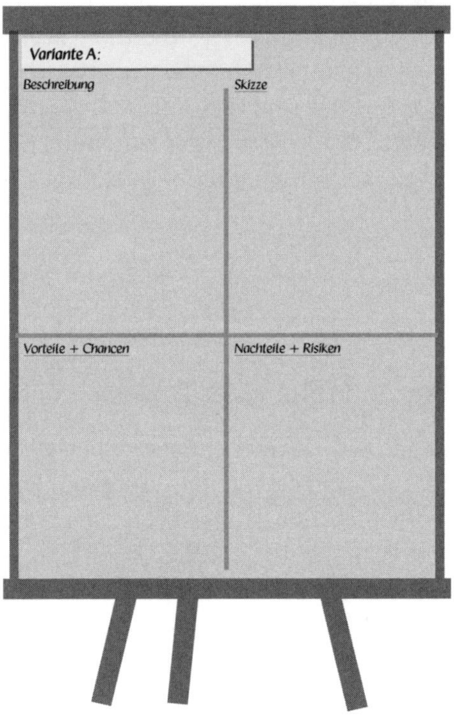

Abb. 30: Optionen-Matrix

Im Feld »Beschreibung« wird in Stichworten erfasst, wie die Lösung aussieht und aus welchen Bausteinen sie besteht.

Das Feld »Skizze« soll mit einer Abbildung oder Zeichnung gefüllt werden, denn oft sagt ein Bild tatsächlich mehr als die tausend (oder hundert) Worte der Beschreibung. Bestens geeignet sind hier Icons, wie wir sie aus dem IT-Bereich kennen. Mit ihnen gelingt es sogar, die Essenz eines Computerprogramms in ein eindeutiges visuelles Symbol zu bringen.

Die beiden unteren Felder beinhalten die Konsequenzenanalyse. Jede Option hat ihre Stärken und Chancen, sonst würde man sie ja nicht vorschlagen. Aber jede Option hat auch ihren Preis, einen Nachteil oder ein Risiko.

Wenn die Funktionsbeschreibung sowie die Vor- und Nachteile der einzelnen Optionen in dieser Weise transparent gemacht werden, ist die Chance auf Präzision, Klarheit und Vergleichbarkeit der Optionen hoch.

In der Praxis werden die Lösungsoptionen in der Regel von Kleingruppen mit zwei bis drei Personen entwickelt und dann im gesamten Kreis vorgestellt und diskutiert. Die Präsentation der Optionen und vor allem die folgende Diskussion sollen freundlich, aber in der Sache kritisch verlaufen. Optionen, über die drei Personen gerade einmal eine halbe Stunde lang nachgedacht haben, sind ja quasi noch »Babys«, die erst groß und stark werden müssen. So betrachtet man eine Option in diesem Stadium eher unter Potenzial-Gesichtspunkten, als allzu schnell ein endgültiges Urteil zu fällen. Andererseits zählt aber nun schon, wie gründlich durchdacht die Ansätze sind und welche Güte die Konsequenzenanalyse hat: Sind da vielleicht Lücken in der Argumentation? Gibt es relevante Meinungen, die noch nicht berücksichtigt wurden? Genügen die Lösungsoptionen den Erfolgskriterien der Gruppe? Je mehr solcher Fragen die Gruppe diskutiert, desto besser wird letztendlich die Qualität und Tragfähigkeit der Entscheidung sein.

Compose III: Kriterien zur Prüfung der Optionen definieren

Parallel zur Kleingruppenarbeit erledigt der Entscheider, vielleicht zusammen mit einem Stellvertreter oder Berater, eine andere Aufgabe: Er entwickelt Kriterien, nach denen er aus seiner Sicht die vorgestellten Lösungsoptionen beurteilen wird. Wenn dann später in der Diskussion Optionen und Kriterien zusammengeführt werden, kann das entweder zur Auswahl einer Option aus vielen führen, so wie man sich etwa bei einem Fahrzeug- oder Softwarekauf genau für ein Produkt entscheiden muss. Die Kriterien können aber auch zur Weiterarbeit am letzten Schliff einer Lösungsoption dienen oder zur Fusion zweier Optionen führen. So ist für die Entscheidung darüber, ob man in einem neuen Land Geschäfte aufnehmen soll, ein ganzes Bündel von brauchbaren Optionen erforderlich, die erst in der Kombination ihre eigentliche Stärke zeigen.

Besonders häufig werden Ziele, Zeitdimension, Umwelt/Umfeld, Konkurrenzsituation und Ressourcen als Kriterienbereiche gewählt, wie auch oben im Globo-Beispiel dargestellt. Manchmal sind aber auch andere Kriterienbereiche sinnvoll. Im Beispiel war es für Dr. Reiter relevanter, Kriterien mit Blick auf die Kunden der Globo zu benennen, als über die Konkurrenzsituation nachzudenken.

Wer im Entscheidungsprozess ein möglichst breites Spektrum von Kriterienbereichen abdecken will, ist mit den Checklisten aus dem Risikomanagement gut bedient (vgl. Abb. 31). Wenn man im Blick behält, wo die Risiken liegen und woran man scheitern kann, weiß man auch, welche die relevanten Gütekriterien sind.

Die zehn gefährlichsten Geschäftsrisiken weltweit

1) **Regulatorische Vorgaben und Compliance-Risiken**
   - Immer mehr gesetzliche Vorgaben in den meisten Ländern
   - Gesetzliche Vorschriften beeinflussen Geschäftsmodelle und Wettbewerbsumfeld
   - Last an Vorgaben

2) **Globale Finanzkrisen**
   - Alle Branchen sind von einer globalen Finanzkrise betroffen
   - Verluste durch Marktbewegungen und Probleme, Kapital zu beschaffen

3) **Alternde Kunden und Arbeitskräfte**
   - Unternehmen müssen auf die veränderte Nachfrage reagieren oder sie werden Kunden verlieren

4) **Schwellenländer**
   - Wettbewerbs-, Währungs-, operative, regulatorische, Sprach-, kulturelle und Lieferkettenrisiken

5) **Zusammenführung von Unternehmen**
   - Hoher Wettbewerbsdruck für Unternehmen, die sich nicht mit anderen zusammenschließen

6) **Energiekrisen**
   - Veränderungen bei den Energiepreisen und Beschaffungsengpässe
   - Starke Preiserhöhungen beeinflussen alle Branchen

7) **Durchführung von strategischen Transaktionen**
   - Probleme treten oft auf, wenn Transaktionen schnell durchgeführt wurden, um scheinbar große Vorteile zu nutzen
   - Neue Transaktionsarten wie Zerschlagungen oder Abspaltungen bringen zusätzlich große Risiken

8) **Inflation**
   - In den letzten Jahren war die Inflation eher gering, sodass die Analysten für die Zukunft eine stärkere Inflationsrate befürchten, was ein Risiko für alle Branchen darstellt

9) Radical Greening
- Wachsende Beachtung ökologischer Themen
- Strategisches Risiko, getrieben von Kunden, Gesetzen und Klimaveränderungen

10) Veränderungen im Nachfrageverhalten
- Fehlende Anpassung an verändertes Nachfrageverhalten führt zur Abwanderung von Kunden

Die nächsten fünf ermittelten Risiken sind:

11) War for Talent
12) Pandemie
13) Private Equity
14) Unfähigkeit zur Innovation
15) China-Rückschlag

Abb. 31: Geschäftsrisiken nach dem Ernst & Young Business Risk Report 2009

In der Composing-Phase muss die Leitung dafür sorgen, dass eine angemessene Bandbreite von Lösungsideen und Lösungsoptionen entsteht und sich bevorzugte Lösungen nicht vorschnell den Weg bahnen. Es bedarf der Sorgfalt bei der Beschreibung und Präsentation der Optionen und es gehört eine gute Portion Realitätssinn dazu, die Optionen einschätzen und beurteilen zu können. Das formale Ergebnis dieser Arbeitsphase ist eine Auswahl entscheidungsfähiger Lösungsvarianten.

Die folgenden Methoden helfen, frischen Wind in die Ideenentwicklung zu bringen. Dabei kommt es auch auf die Menge an: Wenn unter 100 neuen Ideen vielleicht zwei oder drei dabei sind, die Sie weiterbringen, hat sich der Aufwand schon gelohnt.

Methoden	Wozu?	Siehe Seite
Optionen darstellen	Diese Struktur stellt sicher, dass Optionen so dargestellt werden, dass sie verglichen und besprochen werden können. Das ist von zentraler Bedeutung, wenn die Entscheidung fundiert sein soll. Dafür eignet sich z. B. PowerPoint nicht, weil hier ein Vergleich nicht möglich ist.	155

Methoden	Wozu?	Siehe Seite
Brainstorming	Nutzen Sie Brainstorming, um kreative Lösungen zu finden. Aber nutzen Sie die Methode richtig!	156
Role Storming	Kreativität auf Kommando ist schwierig. Mit dem Role Storming setzen Sie die »Schere im Kopf«, die Ideen gleich zensiert, außer Kraft. Die Methode macht außerdem auch Spaß, was eine wichtige Voraussetzung für kreative Lösungen ist.	157
Time Line	Mit der Methode Time Line schaffen Sie Klarheit darüber, wie viel Zeit eine Aktivität braucht, um ein Ziel oder einen Meilenstein zu erreichen.	158
Zündfunke	Manchmal kommt der Ideenfluss nicht recht in Gang oder die gefundenen Ideen erscheinen noch zu konventionell. Mit dieser Methode »zünden« Sie neue Ideen.	159
Methode des zugrunde liegenden Prinzips	Mit dieser Methode zur Generierung neuer Ideen sprechen Sie Teams an, die eher systematisch und »rational« vorgehen und sich mit allzu kreativen Methoden schwertun.	160
Die Ursache in den Mittelpunkt stellen	Wie bei der Reconciliation schaffen Sie mit diesem Vorgehen die Möglichkeit, unterschiedliche Perspektiven und Sichtweisen gleichberechtigt und nicht als konkurrierend zu behandeln.	161
Geisterbahn fahren – Risikoanalyse	Sie machen es mit dieser Methode möglich, über Risiken und befürchtete Nachteile zu sprechen, ohne dabei als Schwarzmaler in Verruf zu geraten.	162
Analogien und Benchmarking	Mit dieser Methode erweitern Sie den Horizont der Beteiligten und ermutigen sie, den Blick über den Tellerrand zu wagen.	163

Methoden	Wozu?	Siehe Seite
Die »Geht nicht, weil«-Methode	»Das geht nicht, weil ....«, ist eine der beliebtesten Killerphrasen. Nutzen Sie die kritische Energie, die hinter dieser Aussage steckt, um Ideen zu verbessern und weiter zu entwickeln. Ganz nebenbei begegnen Sie so auch Widerständen und Zweifeln auf kreative Weise.	164
Reframing 1	Man kann auf eine Aufgabe als Problem oder als Herausforderung schauen. Der Unterschied liegt in der inneren Haltung und in der Formulierung. Mit dieser Methode können Sie Probleme bewusst in Aufgaben oder Herausforderungen umformulieren.	166
Reframing 2	Auch mit dieser Form des Reframing können Sie Probleme in einen anderen Rahmen stellen und aus einer anderen Perspektive beleuchten.	167

2.5 Die Entscheidung treffen

Der Fall Globo Reiseversicherung

Reif für die Entscheidung

Die Arbeitsgruppe trifft sich wie vereinbart und die Teams präsentieren ihre Erkenntnisse und Lösungsvarianten.

Zuerst stellt das Team »Marktpotenzial« seine Zahlen vor, und zwar eine pessimistische und eine realistisch-optimistische Schätzung. Die Konkurrenzanalyse zeigt, dass es in Europa noch zwei potenzielle Partner für Trust gibt, die beide größer als Globo sind, aber bereits sehr enge Verbindungen zu anderen großen Versicherungen pflegen.

Das Team »Konditionen« stellt eine Maximal- und eine Minimalvariante vor. Dr. Reiter legt fest, welche Verhandlungspositionen er zu diesem Zeitpunkt mit Trust klären will. Diese liegen sehr nahe an der Maximalvariante.

Das Team »Beziehungen zu Versicherungskunden« stellt die Varianten A und B vor:

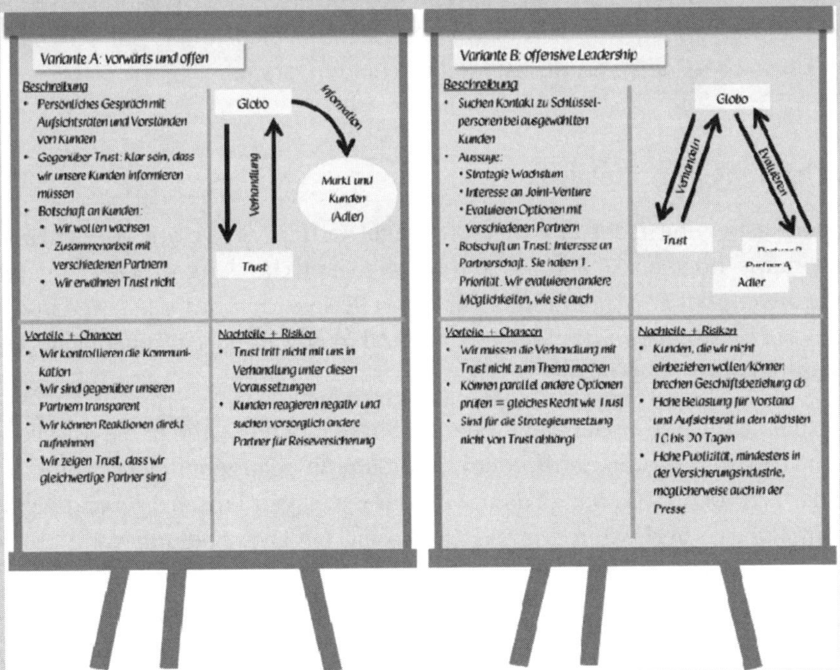

Abb. 32: Varianten von Optionen

Dr. Reiter entscheidet sich aufgrund seiner Kriterien für die Variante B. Nun wird die Entscheidung festgehalten und auf ihre Logik und Kongruenz überprüft.

Dr. Reiter informiert den Aufsichtsratsvorsitzenden über die Entscheidung, ruft dann Ms. Sutherland an und bekundet Globos Interesse, mit Trust in Verhandlung über eine mögliche Partnerschaft zu treten.

Der Punkt der Entscheidung markiert den Übergang von der Welt der Ideen zur Welt des Handelns. Ab diesem Moment ist die Richtung, auf die man sich geeinigt hat, verbindlich. Abweichungen von dieser Richtungsvorgabe fallen nun nicht mehr in den Bereich der persönlichen Standpunkte, sondern erfüllen den Tatbestand der Abkehr von der beschlossenen Linie und können ernsthafte Konsequenzen haben.

In der Praxis sind Gruppenmitglieder oft nicht sicher, ob tatsächlich schon eine Entscheidung gefallen ist. Das heißt, einige diskutieren noch, während andere schon implementieren. Bei formalen Abstimmungen hat man in der Regel einen klaren Indikator dafür, dass eine verbindliche Entscheidung getroffen wurde. Doch bei anderen Formen der Entscheidungsfindung ist das für die Beteiligten unter Umständen schwieriger zu erkennen. Deshalb ist es wichtig, über einen Mechanismus zu verfügen, der klar die Frage beantwortet: »Wann wissen wir und woran erkennen wir, dass eine verbindliche Entscheidung getroffen wurde?« Ein solcher Mechanismus ist die Entscheidungsregel.

Entscheidungsregel festlegen

Mit der Festlegung einer Entscheidungsregel treffen die Verantwortlichen für eine Gruppe oder ein Team bestimmte Meta-Entscheidungen. Das sind *Entscheidungen über Entscheidungen*, also zum Beispiel darüber, wie lange in welcher Form diskutiert und in welcher Art und Weise dann die eigentliche Entscheidung getroffen wird.

Wenn der Leiter eine Entscheidung herbeiführen möchte, kann er die Mitglieder der Entscheidungsgruppe auffordern, ihre Stimme abzugeben. Was deren Votum de facto bedeutet, hängt dann von der jeweiligen Entscheidungsregel ab. In demokratisch verfassten Organisationen gilt die Entscheidung dann als getroffen, wenn ein gültiges Abstimmungsergebnis vorliegt. In unternehmerischen Kontexten, in Situationen mit klar legitimierten Entscheidungskompetenzen bei der Führungskraft, hätte eine Abstimmung dagegen eine andere Bedeutung: Sie wäre lediglich eine Information über die Meinung der Gruppe, aber keine verbindliche Entscheidung. Hier trifft dann die Führungskraft in Kenntnis des

Votums der Gruppenmitglieder die gültige Entscheidung. Dabei kann sie auch gegen die Meinung der Gruppenmehrheit entscheiden.

Die Entscheidungsbefugnis der Führungskraft hat in Unternehmen in der Regel stärkeres Gewicht als das Votum der Teammitglieder. Die Frage, ob zum Beispiel ein Mitarbeiter gekündigt werden oder ob er noch eine Chance bekommen soll, kann durchaus zu einer Entscheidungssituation führen, in der die Führungskraft dem Votum der Gruppe nicht folgt. Dabei ist allerdings zu bedenken, dass sich die weitere Zusammenarbeit nicht unbedingt einfacher gestaltet, wenn man gegen sein Team entscheiden muss.

Zustimmungsgrad transparent machen

Für die Einschätzung, wie tragfähig ein Entscheidungsergebnis ist, kann man zwischen verschiedenen Graden der Zustimmung unterscheiden und dann schauen, wie hier die einzelnen Voten verteilt sind. Daraus lässt sich in Verbindung mit der Stakeholder Map ableiten, ob man die Implementierung starten kann oder ob vorher noch besonders relevante bzw. besonders kritische Stakeholder konsultiert werden müssen.

Wichtig ist, dass es bei den Haltungen, die Menschen zu Entscheidungen einnehmen, nicht nur ein striktes »Dafür« oder »Dagegen« gibt, auch wenn das Votum letztendlich in Ja- und Neinstimmen erfasst wird. Im Hinblick auf die Umsetzung der Entscheidung, macht es einen sehr großen Unterschied, ob Zustimmung sich in einem glasklaren und überzeugten »Ja« äußert oder nur in einem lauwarmen »Ja«, nach dem Motto »Dann macht es halt, wenn Ihr meint«.

Deshalb verwenden wir häufig die sogenannte Skalenfrage, um transparent zu machen, was denn der jeweilige Grad der Zustimmung zu bzw. der Grad der Ablehnung einer Entscheidung für die Unterstützung der Umsetzung bedeutet. In der Praxis kann man zum Beispiel die von einer Entscheidung Betroffenen bitten, zur Entscheidung Stellung zu beziehen, indem sie etwa mit einem Klebepunkt auf einer Pinnwand den Grad ihrer Zustimmung bzw. Ablehnung markieren (vgl. Abb. 33). Wenn man die Teilnehmenden dann fragt, was ihre Punkte bedeuten, was genau sie dazu veranlasst hat, ihren Punkt hierhin oder dorthin zu setzen, wird man wertvolle Antworten erhalten. Oft sind es nur kleinere, manchmal lediglich kosmetische Korrekturen an einer Entscheidung, die den Betroffenen das Gefühl geben, wirklich beteiligt zu sein, Einfluss zu haben, geschätzt und berücksichtigt zu werden.

Abb. 33: Zustimmungsgrade

Diese Vorgehensweise hat nichts mit »Absegnen-Lassen« zu tun, sondern ist ein bewusster Schritt, die Betroffenen in die Verantwortung zu nehmen. Natürlich birgt dieser Schritt für den Entscheider das Risiko, mit der Tatsache konfrontiert zu werden, dass er die Entscheidung allein tragen muss. Wenn dieses unliebsame Ergebnis tatsächlich eintritt, hat es aber immer noch den Vorteil für ihn, dass er den Tatsachen ins Auge blicken und mögliche Probleme antizipieren kann. Wir sind der Überzeugung, dass der Entscheider nur so wirklich handlungsfähig bleibt. Dies ist nicht der Fall, wenn er einfach davon ausgeht, dass die Betroffenen schon einverstanden sind und dann völlig unvorbereitet mit Fragen, Unsicherheit oder gar Widerstand konfrontiert wird.

Die Skalenfragen müssen selbstverständlich der jeweiligen Situation, z. B. der Kultur im Umgang mit Offenheit und Widerstand, angepasst werden. Im Unternehmenskontext ist ein hohes Maß an Vertrauen und Offenheit erforderlich, damit jemand seinen aktiven Widerstand ehrlich zugibt. Geschieht dies, dann ist es gleichermaßen ein Votum gegen die Entscheidung wie für den Entscheider als Führungskraft. Letzterer darf sich also darüber mindestens ebenso freuen, wie es ihn ärgern mag.

Vorteil einer differenzierten Skala ist es, dass sie es für die Beteiligten leichter macht, wirklich ehrlich zu sein. Wenn man sie nutzt, können auch diejenigen

Gruppenmitglieder Unterstützung geben, die nicht mit ganzem Herzen dabei sind, und sie müssen nicht befürchten, dass ihr Statement als Veto angesehen wird.

Kommt ein Entscheider zu dem Entschluss, nicht mit einer Skalenfrage zu überprüfen, wie die Betroffen zu der Entscheidung stehen, so tut er gut daran, sich wenigstens anhand der Stakeholder Map zu überlegen, wer wo stehen könnte. Aber Vorsicht! Solche Annahmen sind meist gefährlicher als die offen gestellte Frage, weil sie Projektionen des Entscheiders und nicht die tatsächliche Meinung der Stakeholder darstellen.

Unterschiedliche Zustimmungsergebnisse

Wie auch immer der Grad der Zustimmung überprüft wird, es lohnt sich für den Entscheider, darüber nachzudenken, welche Konsequenzen das Zustimmungsergebnis für seine Entscheidung hat. Wenn man etwa die Punkteverteilung an der Pinnwand betrachtet, kann man ungefähr einschätzen, was diese für die anstehende Umsetzung bedeutet. Da nicht jeder, der nicht von der Entscheidung begeistert ist, gleich in den Widerstand geht, kann auch ein Ergebnis tragbar sein, das eine mittlere Streuung aufweist. Andererseits ist bei allzu euphorischer Konsensbildung die Frage, ob hier nicht vielleicht das Groupthink-Gespenst sein Unwesen treibt, sicher eine ernst zu nehmende. So kann der Entscheider aus den Zustimmungsergebnissen ableiten, was nun getan werden muss oder kann, um die Umsetzung vorzubereiten.

Manchmal, und vermutlich nicht zu oft, kommt es zu enthusiastischer Unterstützung bei der Umsetzung. Hier handelt die Mehrheit der Betroffenen aus eigenem Antrieb und der Entscheider kann sich auch einmal zurücklehnen.

Anders verhält es sich, wenn die Unterstützung nur lauwarm ausfällt. Ein Großteil der Betroffenen steht dann in der Übergangszone zwischen Ablehnung, Neutralität und Zustimmung. Nur Wenige tun etwas, damit die Entscheidung umgesetzt werden kann. Jetzt ist Führung erforderlich. Die Betroffenen tragen die Entscheidung nur mit, wenn man ihnen sagt, was zu tragen ist. Um hier das Bild vom Boot und vom Rudern wieder aufzugreifen: Die Betroffenen sind zwar im Boot und rudern, aber die Schlagzahl muss vorgegeben werden.

Zwiespältig ist ein Zustimmungsergebnis dann, wenn zwar grundsätzlich Unterstützung vorhanden ist, aber es auf der Seite der Ablehnenden auch einige Stakeholder gibt, die außen vor bleiben wollen oder sogar aktiven Widerstand leisten. Hier steht eine weitere Entscheidung an: Sollen die Ablehnenden ignoriert oder zur Umsetzung gezwungen werden? Und welchen Preis zahlt man dafür? Auch wenn die Umsetzung hier gelingt, der Preis dafür kann deutlich höher als erwünscht ausfallen und sollte deshalb im Sinne einer Risikoanalyse vorab geschätzt bzw. festgelegt werden.

Kommt es zu einem mageren Patt, ist es riskant, die Entscheidung durchzusetzen. Die gegensätzlichen Kräfte heben einander auf. Je stärker die Zustimmenden in eine Richtung ziehen, desto mehr werden die Ablehnenden in die andere Richtung ziehen. Das kann offen oder verdeckt geschehen, wobei letzteres in der Praxis häufig die schlimmere Variante ist. So werden Umsetzungen verschleppt und in die Länge gezogen. Hier gilt, was bereits im ersten Kapitel gesagt wurde: Man kann alles entscheiden, das man entweder selbst ausführen oder dessen Ausführung man durchsetzen kann. Manchmal ist das Risiko des Durchsetzens gerechtfertigt, zum Beispiel in einem Notfall bzw. in einer Situation, die der Entscheider als Notfall beurteilt.

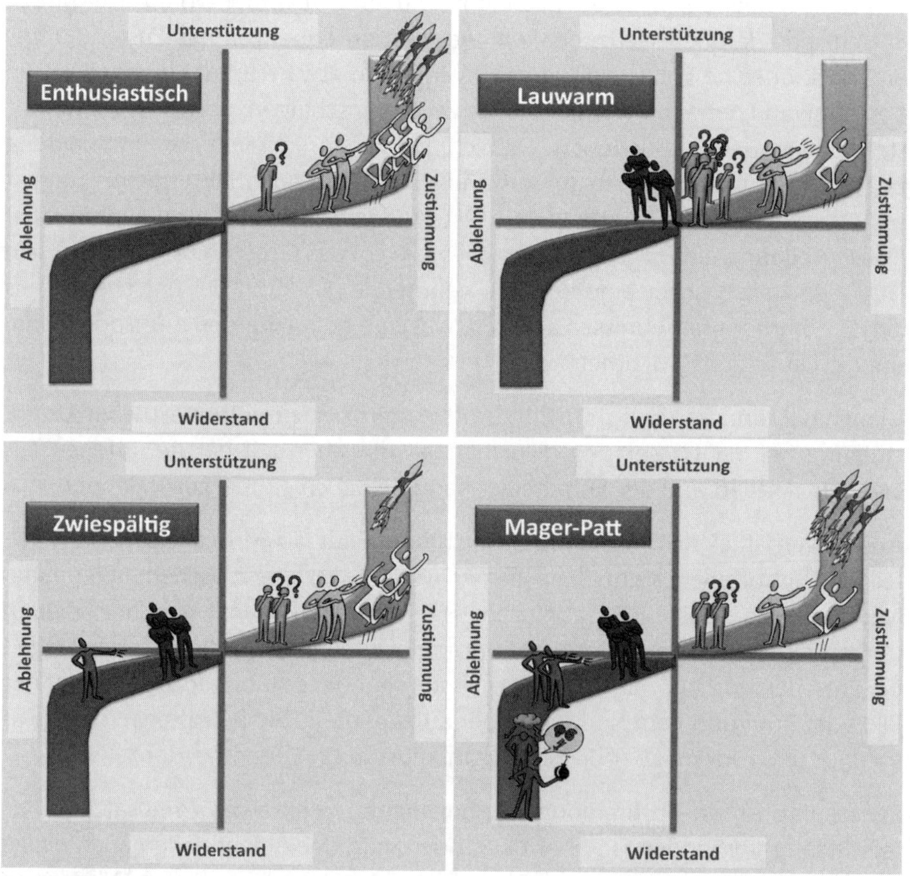

Abb. 34: Vier Typen von Zustimmungsergebnissen

Wann ist es nun besonders wichtig, die eindeutig positive, aktive Unterstützung der relevanten Stakeholder zu haben? Das ist immer dann der Fall, wenn:

- die getroffene Entscheidung von umfassender Wichtigkeit ist und ein Misslingen der Umsetzung schwerwiegende bzw. existenzielle Folgen hätte,
- eine dauerhafte Tragfähigkeit des Entscheidungsergebnisses erwartet wird und die Entscheidung nicht mehr zu revidieren ist,
- das Entscheidungsproblem sehr komplex ist und hohes Konfliktpotenzial birgt und die Lösungsoptionen ambivalent sind,
- die Notwendigkeit besteht, wirklich alle Betroffenen und Beteiligten an Bord zu haben,
- jeder Einzelne aufgrund seiner Rolle oder Macht die Umsetzung der Entscheidung verzögern, maßgeblich behindern oder sabotieren kann.

Methoden	**Wozu?**	**Siehe Seite**
Evaluationskriterien klären	Wenn Sie als Entscheider verschiedene Optionen zu verschiedenen Teilaspekten prüfen müssen, brauchen Sie ein Raster, das es Ihnen erlaubt, die Optionen nach gleichen Kriterien zu prüfen.	168
ComTeam Systemmodell	Das Systemmodell unterstützt Sie dabei, die richtigen Kriterien zu finden, auf die Sie bei der Beurteilung von Optionen schauen müssen. Es stellt sicher, dass Sie Ihr Unternehmen bzw. Ihren Bereich systematisch betrachten und alle relevanten Innen-, Außen- und Umfeldvariablen im Blick haben. Gleichzeitig können dadurch Wechselbeziehungen transparent werden.	169
Fehlermöglichkeits- und Einfluss-Analyse (FMEA)	Diese Methode, die vor allem in der Industrie zur kontinuierlichen Qualitätsverbesserung dient und auf die japanische Philosophie des Kaizen zurückgeht, können Sie auch zur Beurteilung von komplexen Optionen oder Lösungsvarianten verwenden.	171

Methoden	Wozu?	Siehe Seite
Öko-Check oder Konsequenzanalyse	Wenn Sie eine Entscheidung fällen, so betrifft diese meistens nicht nur die Menschen, die am Entscheidungsprozess beteiligt waren, sondern auch andere Stakeholder. Es besteht deshalb immer das Risiko, dass deren berechtigte Interessen und Anliegen außer Acht gelassen wurden. Mit dem Öko-Check können Sie dieses Risiko minimieren.	173
Aktivitätenkatalog	Mit dieser Methode stellen Sie sicher, dass die Gruppenmitglieder, schon im Voraus genau in Betracht ziehen, welche Anstrengungen unternommen werden müssen und welche Ressourcen notwendig sind, damit eine Entscheidung wirklich getroffen und umgesetzt werden kann.	175

2.6 Entscheidungen kommunizieren

Die Entscheidung ist getroffen und die wichtigsten Stakeholder sind mit an Bord, sodass die Chancen auf eine erfolgreiche Umsetzung groß sind. Nun ist es Zeit für den nächsten Schritt: die Information der betroffenen Bereiche, damit alle Mitarbeiterinnen und Mitarbeiter sowie die Führungskräfte ins Bild gesetzt werden und die operative Umsetzung beginnen kann.

Dieser Kommunikationsprozess, dem die Umsetzungsplanung in den betroffenen Bereichen bzw. Abteilungen folgt, hat zwei Seiten. Die eine ist die strukturelle Planung der erforderlichen Meetings und Workshops. Die andere ist die ganz persönliche Außenwirkung des Entscheiders, besonders dann, wenn die Entscheidung nicht von allen bejubelt wird. Denn gute Beteiligung heißt ja nicht automatisch, dass alle mit dem Ergebnis glücklich sind. Aber man kann als Entscheider erreichen, dass andere die Entscheidung verstehen, nachvollziehen und vielleicht sogar akzeptieren, wenn der Entscheidungsprozess professionell abgelaufen ist und wenn mit den nachteiligen Auswirkungen der Entscheidung für bestimmte Interessengruppen offen und fair umgegangen wird.

Wenn die Entscheidung Konsequenzen für viele Abteilungen hat und zahlreiche Personen betroffen sind, ist es in der Regel nicht möglich, jeden gesondert zu informieren und mit ihm oder ihr Einzelgespräche führen. Dann wird man Meeting- oder Konferenzformen wählen, die alle Betroffenen und Beteiligten zusammenbringen. So wird zum Beispiel die Globo-Entscheidung für die offensive Verhandlung mit TRUST mehrere Abteilungen in Bewegung setzen, die die Verhandlungen vorbereiten und begleiten sollen. Entscheidungen über Standortverlagerungen, Reorganisationen oder Veränderungen im Produktsortiment beschäftigen immer mehrere Bereiche, die das Beschlossene dann zu verwirklichen haben.

Die Kommunikation der Entscheidung ist der Startpunkt, um den Wandel einzuleiten und vorzubereiten. Dies kann, je nach Anzahl der betroffenen Gruppen, in mehreren Einzelmeetings geschehen. Der Entscheider geht einen Tag lang von Gruppe zu Gruppe, erklärt die Entscheidung und diskutiert die Konsequenzen. Wenn aber mehr als drei oder vier Gruppen betroffen sind, kann man auch alle gemeinsam versammeln. Ziel der Informationsveranstaltung ist es, die Beschlusslage transparent zu machen, zu erklären, was sich damit ändert und was so bleibt wie bisher.

Mitunter sind Entscheidungen nur »Wegweiser«, die eine Richtung vorgeben und begrenzen, aber in der konkreten Ausführung noch Gestaltungsraum für die Umsetzer lassen. Zum Beispiel ist die Entscheidung, die Gäste einer Veranstaltung mit einem Buffet im Rahmen eines bestimmten Pro-Kopf-Budgets zu verköstigen, so eine Richtungsentscheidung, die dann die konkrete Speiseplanung anderen überlässt.

Bei Entscheidungen, die komplexen Charakter haben, besteht der Nutzen einer Kommunikationsveranstaltung neben der Informationsvermittlung vor allem darin, dass die Betroffenen untereinander besprechen können, was sie verstanden haben, welche Fragen es gibt und welche Umsetzungswege nun eingeschlagen werden können. Besonders dieser dialogische Teil sorgt dafür, dass die Betroffenen eine Entscheidung wirklich annehmen, also zu einer für sich verbindlichen machen. Damit die Betroffenen auch Mitverantwortung für die Umsetzung übernehmen, reicht es nämlich ganz und gar nicht aus, dass sie lediglich wissen, was »die da oben« wollen.

Dazu wieder ein Beispiel aus der Praxis: Nach einer Vorstandsentscheidung zur Einführung von SAP-Lösungen im Gesamtunternehmen (mit ca. 1.500 Mitarbeitern) haben wir bereits wenige Wochen nach Projektbeginn, als erst die groben Rahmenkonzepte standen, für die Information der Betroffenen gesorgt. Innerhalb eines Zeitraums von fünf Tagen gab es pro Tag zwei Info-Meetings für jeweils 120 Mitarbeiterinnen und Mitarbeiter, sodass binnen einer Woche nahezu die gesamte Belegschaft informiert war, verstanden hatte, worum es geht, und sich insgesamt höchst motiviert zeigte, die Implementierung aufgeschlossen und unterstützend zu begleiten. Den Kern dieser Veranstaltungen bildeten Informationsstände zu drei Teilbereichen der Entscheidung, an denen die Betroffenen je zehn Minuten lang über den Sachstand informiert wurden und dann jeweils dreißig Minuten Zeit hatten, Fragen zu stellen und Kommentare anzubringen. Drei zu Eins: So muss das Verhältnis von Dialog zu Monolog aussehen! Kommunikation ist also viel mehr als nur Information.

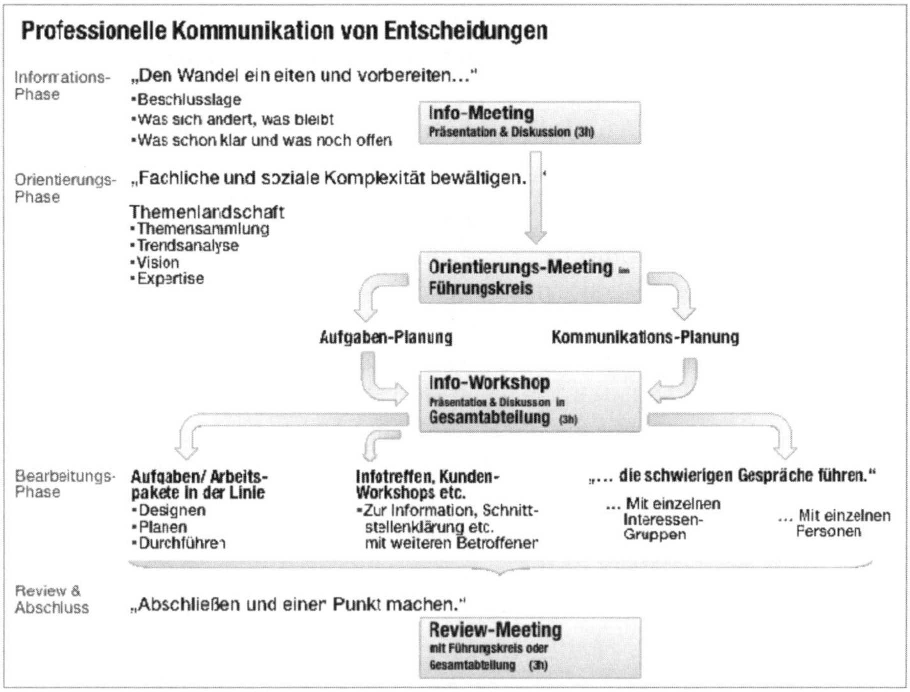

Abb. 35: Kommunikation komplexer Entscheidungen als Start des Umsetzungsprozesses

Die Grafik zeigt, wie es nach der Information der Betroffenen dann weitergehen kann, indem die Führungskräfte der involvierten Bereiche die Umsetzung vorbereiten und strukturieren. Daraus resultieren dann zwei Pläne: der Arbeitsplan mit den zu erledigenden Aufgaben oder Arbeitspaketen sowie der Kommunikationsplan, der den weitergehenden Dialog mit direkt oder indirekt Betroffenen (Zulieferern, Schlüsselkunden, Partnern, etc.) gestaltet. Diese grobe Skizze eignet sich für Entscheidungsumsetzungen, die (noch) keinen eigentlichen Projektcharakter haben, sondern durch abgestimmtes Vorgehen aus der Linie heraus steuerbar sind. Alle größeren Entscheidungen dagegen münden in Projekte, wie wir das im Kapitel »Entscheidungsprozesse, Change Management, Konfliktmanagement« ab Seite 62 beschrieben haben.

Der zweite Aspekt der Kommunikation von Entscheidungen heißt »Präsenz zeigen«. So nennen wir das, was von einem Entscheider auf persönlicher, zwischenmenschlicher Ebene erwartet wird, wenn er eine Entscheidung vorstellt und erklärt. Präsenz hat nach unserer Definition drei Faktoren, die Klarheit, die Beherztheit und den Standpunkt, welche wir im Folgenden erläutern.

Klarheit meint, dass die Gründe für und gegen die Entscheidung transparent werden. Wenn man klare Auskünfte zu einer Entscheidung erhält, spürt man, wie tief das jeweilige Thema intellektuell durchdrungen wurde, worüber sichere Annahmen und worüber Hypothesen bestehen. Dabei ist Klarheit nicht nur eine Frage von Rationalität und Logik, sondern auch von emotionaler Intelligenz. Nicht alles, was rein rechnerisch sinnvoll wäre, lässt sich auch ohne Widerstand seitens der Betroffenen umsetzen. Den sozialen oder emotionalen »Preis« einer Entscheidung im Blick zu haben, zeugt von Klarheit.

Beherztheit hat mit Werten und Bedeutung zu tun, also mit dem, was einem am Herzen liegt und wofür man sich einzusetzen oder gar zu kämpfen bereit ist. Für die Glaubwürdigkeit einer Entscheidung ist das der maßgebliche Faktor, vor allem, wenn eine Entscheidung nicht allen nur Vorteile bringt. Durch Beherztheit zeigt man deutlich, was man aus guten Gründen will und was man nicht will. Das nimmt Entscheidungen die Beliebigkeit. Wenn klar ersichtlich ist, mit welchen Wertvorstellungen eine bestimmte Entscheidung verbunden ist, dann entscheiden Menschen auch, dem zu folgen. Beherztheit ist vor allem erforderlich, wenn man vor einem Dilemma steht, und das ist bei komplexen Entscheidungen fast immer der Fall. Eine Umstrukturierung etwa verbessert die Chancen der einen, aber zwingt andere in ungewollte Veränderung. Wenn es zum Beispiel um die Verbesserung von Wettbewerbschancen in einem schwierigen Markt geht, kann eine einschneidende Entscheidung, die Arbeitsplätze kostet, dennoch eine gebotene sein. Dann braucht der Entscheider Rückgrat und Beherztheit und muss sich seiner eigenen Wertehierarchie deutlich bewusst sein. Im genannten Beispiel muss er also dazu stehen, dass er die wirtschaftliche Sicherheit des Unternehmens über individuelle Interessen stellt.

Wertfragen führen unmittelbar zur Frage des Standpunktes, also dazu, was jemanden legitimiert, einschneidende Entscheidungen zu treffen. Das können beispielsweise Fachkompetenz und Expertenwissen sein oder die Befugnisse aus der zugeschriebenen Rolle im Unternehmen. Legitimation kann aber auch aus langjähriger Unternehmenszugehörigkeit erwachsen oder aus bereits geleisteten Beiträgen. Den eigenen Standpunkt genau zu kennen, heißt, zu wissen, warum ich als Entscheider etwas tun darf, das in die Rechte oder Interessen anderer eingreift.

Die folgende Abbildung liefert Ihnen Fragen zur Reflexion, wenn Sie sich darauf vorbereiten, kleine oder große Entscheidungen zu kommunizieren.

Klarheit

- Was muss bei den anderen ankommen?
- Wie hoch ist die fachliche/soziale Komplexität?
- Was muss ich sagen und was nicht?
- Welche anderen Ansichten/Meinungen?

Beherztheit

- Was bedeutet mir das Thema?
- Was wäre ein Erfolg/ein Misserfolg?
- Welches sind meine Anliegen, Bedürfnisse?
- Welche sind meine Dilemmata?

Standpunkt

- Worauf beruht mein Standpunkt?
- Wie „gefüllt" ist mein Vertrauenskonto?
- Was berechtigt mich, das zu vertreten?
- Was könnte mich ins Wanken bringen?

Abb. 36: Präsenz zeigen

3 Methodenkatalog

In diesem Kapitel sind alle Methoden zur Entscheidungsfindung, auf die wir Sie im zweiten Kapitel bereits aufmerksam gemacht haben, systematisch nach Phasen des Entscheidungsprozesses erfasst und mit ausführlichen Beschreibungen und Erläuterungen versehen. Die folgende Tabelle bietet dazu eine Schnellübersicht. Methoden, die mit ✓✓ gekennzeichnet sind, eignen sich für die betreffenden Phasen besonders gut. Die Markierung ✓ bedeutet, dass sie auch in anderen Phasen sinnvoll sein können.

Methode / Phasen	Seite	Start	Map	Connect	Compose	Decide
Nutzwertanalyse	123	✓✓			✓✓	✓
SWOT-Analyse	125	✓✓			✓✓	✓
Szenario-Fragen	127	✓✓			✓✓	✓
Situationsanalyse	129	✓	✓✓			
Stakeholder Map	134	✓				
Themensammlung auf Karten	136		✓✓	✓	✓	
Wer, Was, Wann, Wo, Wie-Methode	139	✓	✓✓			
Fakten und Meinungen	140	✓	✓✓			
Gap Analysis	141	✓	✓✓	✓		
Unaussprechliches	143		✓✓	✓		
Drei Beschwerden	145		✓✓	✓		
Perspektiven erkunden	146			✓✓		
Von Positionen zu Interessen und Bedürfnissen	147			✓✓		
Feedback-Kreis	149	✓		✓✓		
Reconciliation	152			✓✓	✓✓	
Optionen darstellen	155	✓			✓✓	
Brainstorming	156	✓			✓✓	
Role Storming	157				✓✓	
Time Line	158	✓			✓✓	
Zündfunke	159	✓			✓✓	
Methode des zugrunde liegenden Prinzips	160	✓			✓✓	

Methode \ Phasen	Seite	Start	Map	Connect	Compose	Decide
Die Ursache in den Mittelpunkt stellen	161	✓			✓✓	
Geisterbahn fahren – Risikoanalyse	162				✓✓	
Analogien und Benchmarking	163	✓			✓✓	
Die »Geht nicht, weil ...«-Methode	164	✓			✓✓	
Reframing 1	166				✓✓	
Reframing 2	167				✓✓	
Evaluationskriterien klären	168	✓				✓✓
ComTeam Systemmodell	169	✓				✓✓
Fehlermöglichkeits- und Einfluss-Analyse (FMEA)	171	✓				✓✓
Öko-Check oder Konsequenzenanalyse	173	✓				✓✓
Ressourcen-Analyse: Können wir das wirklich schaffen?	174					✓✓
Aktivitätenkatalog	175	✓✓				✓✓

3.1 Methoden für Alltagsentscheidungen

Für Routine- bzw. Alltagsentscheidungen gibt es zahlreiche Methoden, die über das rasche »aus dem Bauch heraus Entscheiden« hinausgehen und den Entscheidern dabei helfen, Klarheit über Fakten und Konsequenzen zu gewinnen. Man kann zum Beispiel einfach die Fragen aufschreiben, die im Rahmen einer Entscheidung zu beantworten sind und diese dann der Reihe nach abarbeiten.

Nutzwertanalyse

Beschreibung: Mit der Nutzwertanalyse (auch Entscheidungstabelle oder Entscheidungsmatrix) können Sie Optionen unter verschieden Gesichtspunkten beurteilen.

Bekannt sind Ihnen solche Entscheidungstabellen sicher aus Waren- oder Dienstleistungsvergleichen, wie im folgenden Beispiel gezeigt.

testergebnisse

ADAC	Wichtung	tomtom one	tomtom GO 710	Mio C710	Garmin Nüvi 360	Sony NV-U70T	Falk N200	Navman iCN 720	ViaMichelin X-950T	naviflash 1020	KlickTel K580
Preis in € (Stand Mitte November 2006)		371 – 451	443 – 672	351 – 566	434 – 617	375 – 576	495 – 524	383 – 416	409 – 505	358 – 546	399 – 516
Handhabung	10%	1,5	2,6	2,7	1,8	2,2	2,6	1,5	3,7	2,0	3,8
Bedienungsanleitung	30%	2,5	1,6	4,0	2,0	3,7	1,5	1,0	3,0	2,3	3,3
Einbau	70%	1,1	3,0	2,2	1,8	1,6	3,0	1,8	4,0	1,8	4,0
Bedienung	35%	1,8	1,9	3,2	3,7	3,1	4,1	4,4	4,1	4,7	0,7
Eingabe	40%	1,0	1,2	1,3	3,6	2,4	2,0	2,7	2,1	3,4	1,7
Ablesbarkeit	60%	2,4	2,4	4,5	3,9	3,6	5,5	5,5	5,5	5,5	–[1]
Routenberechnung	35%	2,1	2,8	2,1	2,4	3,1	1,5	2,6	2,0	2,3	–
Qualität der Routenberechnung	50%	2,5	2,5	2,5	2,5	2,5	1,0	1,5	1,5	2,5	–
Berechnungszeit	20%	1,8	5,5	1,1	2,5	5,5	1,3	5,0	3,2	1,1	–
Datenbestand	30%	1,6	1,6	1,9	2,3	2,6	2,6	2,7	1,9	2,7	–
Routenführung	20%	1,4	2,2	1,4	1,9	2,0	3,4	1,6	2,2	2,4	–
Sprachausgabe	50%	1,7	2,1	1,8	1,9	2,2	2,1	2,0	2,1	1,9	–
Grafische Darstellung	40%	1,0	2,6	1,0	2,1	2,0	5,3	1,2	2,5	3,3	–
Reaktion auf Verlassen der Route	10%	1,1	1,1	0,7	1,1	1,5	1,9	1,3	1,0	1,3	–
GESAMTNOTE		1,8	2,4	2,4	2,7	2,8	2,9	2,9	2,9	3,1	–
ADAC-Urteil		+	+	+	o	o	o	o	o	o	–[2]

[1] Keine Ergebnisse möglich
[2] Abwertung, weil beide Testgeräte nicht mehr funktionsfähig waren

++ sehr gut + gut o zufriedenstellend ⊖ ausreichend – mangelhaft

(Abdruck mit freundlicher Genehmigung des ADAC e. V.)

Vorgehen:

- Stellen Sie die zur Auswahl stehenden Optionen zusammen. Wenn Sie z. B. ein mobiles Navigationsgerät brauchen, werden Sie bestimmt ein Dutzend Angebote finden.
- Bestimmen Sie die Kriterien, die für Ihre Entscheidung wichtig sind: z B. Lieferumfang, Benutzerführung, Dauer der Routenberechnung, Kartenqualität etc.

- Gewichten Sie jedes Entscheidungskriterium gemäß seiner Bedeutung in der Gesamtbeurteilung: z. B. Lieferumfang = 1 (geringe Bedeutung), Benutzerführung = 3 (große Bedeutung).
- Bewerten Sie nun, indem Sie Punkte oder Noten vergeben, wie gut jede Option die festgelegten Kriterien erfüllt.
- Multiplizieren Sie die Gewichtung mit den Punkt- oder Notenwerten und bilden Sie die Summe pro Option, dann erhalten Sie Ihre gewünschte Rangfolge.

Der Vorteil dieser Vorgehensweise liegt darin, dass jede Option nach denselben Kriterien beurteilt und diese Beurteilung auch transparent gemacht wird. Der Nachteil liegt darin, dass das Resultat objektiver aussieht, als es tatsächlich ist. Denn sowohl die Wahl der Kriterien als auch die Gewichtung und die Punktevergabe unterliegen natürlich subjektiven Einschätzungen. Das kann dazu führen, dass am Ende das gewünschte Resultat herauskommt.

Valider wird diese Methode, wenn Sie sie in einer Gruppe anwenden:

- Wählen Sie zunächst gemeinsam die Kriterien aus, nach denen die Optionen zu beurteilen sind.
- Anschließend einigen Sie sich auf die Gewichtung jedes einzelnen Kriteriums.
- Dann erstellt jeder für sich seine Bewertungen aller zu beurteilenden Optionen.
- Schließlich werden diese Bewertungen ausgetauscht und diskutiert. Wenn alle Bewertungen in etwa übereinstimmen, kann man die Zahlen mitteln und eintragen. Wenn aber die Unterschiede groß sind, muss man erst die Gründe dafür herausfinden, warum die Einschätzungen so unterschiedlich ausfallen, bevor man sich auf bestimmte Werte einigt.

SWOT-Analyse

Beschreibung: SWOT steht für: Strengths (Stärken), Weaknesses (Schwächen), Opportunities (Chancen), Threats (Gefahren/Risiken).

Die SWOT-Analyse dient dazu, eine Idee, ein Projekt, eine Strategie oder auch eine Situation aus zwei Perspektiven zu beurteilen. Zum einen aus der Innensicht, d. h. was sind die Stärken und Schwächen z. B. einer Firma? Zum anderen aus der Außensicht, z. B. welche Chancen und Risiken bietet das Umfeld?

Sie können auch die Stärken und Schwächen eines Produktes beschreiben und daraus die Chancen und Risiken einer Markteinführung ableiten. Der Nachteil dieser Betrachtungsweise ist, dass beide Male aus dem gleichen Blickwinkel auf das Problem geschaut wird, d. h. die Frage der Chancen und Risiken nur aus den Stärken und Schwächen abgeleitet wird und die Außensicht, also in welchem Umfeld sich das Produkt behaupten muss, ausgelassen wird.

Vorgehen:

- Teilen Sie ein Flipchart oder eine Pinnwand in vier Felder:
oben links = Stärken (Strengths),
oben rechts = Schwächen (Weaknesses),
unten links = Chancen (Opportunities),
unten recht = Risiken (Threats).
- Klären Sie unbedingt zuerst, was in welchem Feld betrachtet werden soll, z. B. die Stärken und die Schwächen eines neuen Produktes und die Chancen und Gefahren, wenn es auf den Markt gebracht wird.
- Schreiben Sie stichwortartig mit, was zu diesen Themen gesagt wird.
- Klären Sie nun, was folgt: Was wird weiter untersucht? Was ist bereits klar geworden? Welche Entscheidung steht an? Welche Handlungsschritte sind erforderlich?

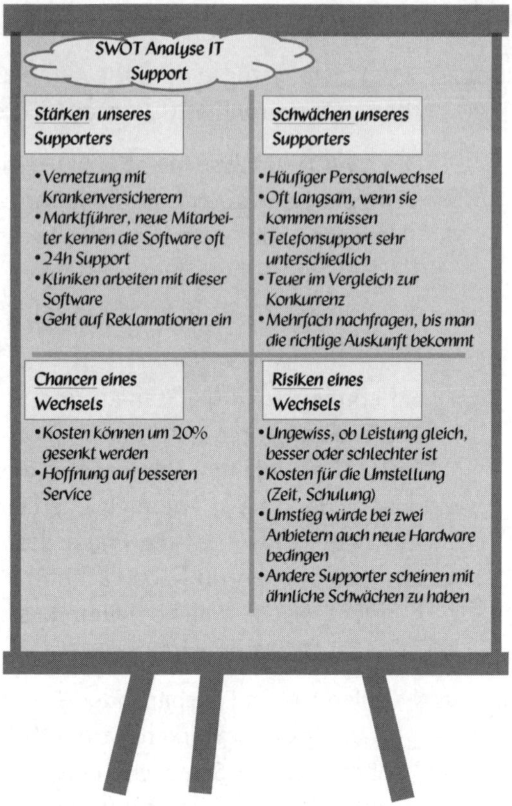

Tipp: Auf www.wikiswot.com finden Sie zahlreiche frei verfügbare SWOTs für viele Organisationen, Unternehmen und Produkte. Wenn Sie zehn davon durchsehen, bekommen Sie ein sicheres Gefühl dafür, wie eine SWOT-Analyse sinnvoll gefüllt werden kann.

Szenario-Fragen

Beschreibung: Mit der Szenario-Frage leuchten Sie eine Fragestellung oder ein Problem in seiner Breite und Tiefe aus und machen unterschiedliche Sichtweisen und Anliegen transparent.

Die Bezeichnung »Szenario-Frage« kommt daher, dass mindestens eine Frage die Zukunfts- oder Handlungsperspektive beinhalten, also ein zukünftiges Szenario darstellen muss.

Wir stellen meist drei oder vier Fragen, wobei die letzte Frage dafür zu sorgen soll, dass eine Aktivität ausgelöst wird.

Vorgehen:

- Überlegen Sie, welche Fragen helfen, das Thema zu verstehen, und in welche Handlung die Szenario-Frage münden soll. Wir haben Ihnen nachfolgend einige Beispiele zusammengestellt.
- Bereiten Sie eine Pinnwand mit den zu bearbeitenden Fragen vor. Flipcharts bieten dafür zu wenig Platz! Wenn mehrere Teams an derselben Fragestellung arbeiten, brauchen Sie eine größere Anzahl von Pinnwänden.
- Lassen Sie die Teams die Szenario-Fragen diskutieren und ihre Erkenntnisse und Antworten stichwortartig mitschreiben. Wir empfehlen, dass die Teams 30 bis 45 Minuten lang arbeiten und dann das Ergebnis ihrer Diskussion im Plenum vorstellen.
- Lassen Sie von allen Teams mindestens das Ergebnis der letzten Frage präsentieren. Anschließend können die unterschiedlichen Ergebnisse diskutiert, verdichtet und Konsequenzen abgeleitet werden. Eventuell ist eine zweite Kleingruppenrunde erforderlich, um nach den Impulsen aus der Plenumsphase die Ansätze zu vertiefen oder weiter zu bearbeiten.

Beispielfragen:

- Ist-Situation: Was haben wir bisher erreicht?
  Soll-Situation: Was muss noch getan werden?
  Handlung: Welche Vorkehrungen müssen wir treffen, damit das getan werden kann?

- Problembeschreibung: Was behindert den Arbeitsfluss?
  Wünsche/Forderungen: Was würde die Situation verbessern?
  Handlung: Was können wir selbst tun, um etwas zu bewegen?

- Analyse: Was spricht für die vorgeschlagene Lösung?
  Analyse: Was spricht dagegen?
  Handlung: Was muss getan werden, damit die Lösung funktioniert?

- Die folgende Szenario-Frage stammt aus dem Fallbeispiel auf Seite 24 ff.

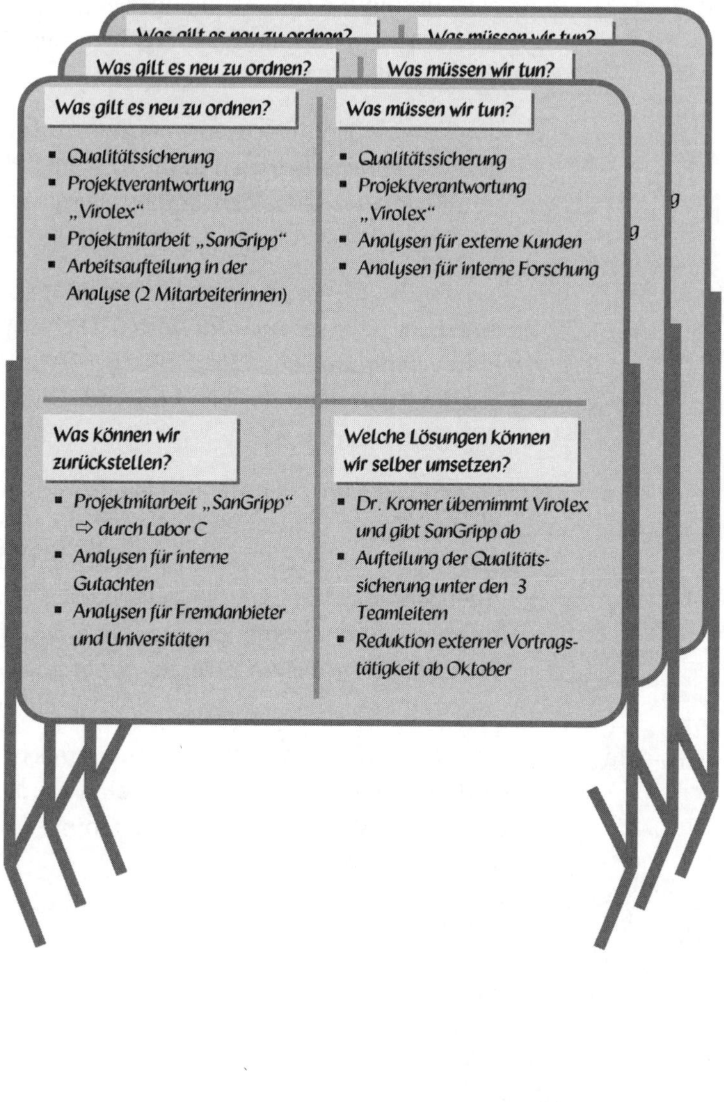

3.2 Methoden zur Mapping-Phase

Situationsanalyse

Beschreibung: Mit der Situationsanalyse gewinnen Sie Klarheit über den Umfang einer anstehenden Entscheidung. Sie ist auch Voraussetzung dafür, dass Sie die am Entscheidungsprozess zu beteiligenden Personen auf denselben Wissensstand bringen können.

Vorgehen:

- Das Formular wird durch den Entscheider, möglicherweise in Zusammenarbeit mit einer zweiten Person, ausgefüllt.
- Nachfolgend finden Sie zu jedem der fünf Punkte der Situationsanalyse weitere Erläuterungen.

Situationsanalyse

Entscheidung
Was soll entschieden werden, was nicht?

Fakten
Was wissen wir?

Annahmen
Welche können wir treffen?

Regeln und Grundsätze
Welche müssen beachtet werden?

Beteiligte
Wer ist einzubeziehen (Stakeholder Analyse)?

Erläuterungen:

- **Entscheidung:** Dieser Punkt dient zur Klärung des Ziels und des Rahmens einer Entscheidung. Dabei sind die folgenden Fragen zu beantworten:
  Welche Entscheidung(en) muss/müssen gefällt werden?
  Was wird von uns erwartet?
  Welche Ziele haben wir bzw. sind uns vorgegeben?
  Was ist das erwartete Ergebnis?
  Was ist NICHT unsere Aufgabe?
  Die letzte Frage ist besonders wichtig, da die Tendenz besteht, im Laufe des Entscheidungsfindungsprozesses die Fragestellung auszuweiten.

- **Fakten:** Dieser Punkt stellt sicher, dass alle auf Basis derselben Faktenlage handeln. Leitfragen sind dabei:
  Was wissen wir sicher?
  Welche wichtigen Dinge müssen wir noch wissen?
  Wer hat was getan, entschieden, macht gerade was?

- **Annahmen** sind oft notwendig und sinnvoll. Wichtig dabei ist, dass allen Beteiligten auch klar ist, dass es sich um Annahmen handelt. Fragen Sie sich:
  Was kann angenommen werden?
  Was müssen wir annehmen, weil wir es nicht exakt wissen?

- **Regeln, Prinzipien** und **Leitideen** grenzen den Spielraum der Beteiligten ab. Eine zu beantwortende Frage kann hier lauten:
  Welche Regeln, Prinzipien, Leitlinien müssen beachtet werden?

- **Beteiligte:** Sie können entweder mit den nachfolgenden Fragen identifiziert werden oder mit einer Stakeholder-Analyse, wie sie anschließend in diesem Kapitel beschrieben wird.
  Wer hat welches nützliche Wissen und welche Fähigkeiten?
  Wessen Einfluss und Machtstellung muss man berücksichtigen?
  Wer ist betroffen und deshalb einzubeziehen?

Situationsanalyse in Krisen

Beschreibung: In einer Krise verschaffen Sie sich mit dieser Form der Situationsanalyse einerseits Klarheit darüber, was entschieden werden muss. Andererseits strukturieren Sie das Problem so vor, dass die am Entscheidungsprozess zu Beteiligenden möglichst schnell mitarbeiten können.

Das Strukturieren des Entscheidungsfindungsprozesses – wie auf Seite 70 ff. beschrieben – bringt einen Zeitgewinn, birgt aber auch die Gefahr, dass gewisse Lösungsvarianten gar nicht zur Diskussion kommen können. Darum ist Klarheit darüber wichtig, wann eine Entscheidungssituation tatsächlich eine Krise darstellt. Wie auch die »normale« Situationsanalyse, dient die nachfolgend beschriebene Analyse dazu, Klarheit über den Umfang einer anstehenden Entscheidung zu schaffen und die zu beteiligenden Personen auf denselben Wissensstand zu bringen.

Vorgehen:

- Um das oben erwähnte Risiko zu minimieren, empfehlen wir dem Entscheider, in Krisen immer eine zweite Person hinzuzuziehen, wenn es darum geht, die Situation zu analysieren.

Situationsanalyse in Krisen

Entscheidung	Fakten	Annahmen

Teilaufgaben			
Wichtigkeit			
Dringlichkeit			
zu klärende Fragen (keine Lösungen)			
Regeln, Grundsätze, Prinzipien			
Organisation			

- Die drei ersten Punkte unterscheiden sich nicht vom bereits beschriebenen Vorgehen bei der Situationsanalyse.
- **Entscheidung:**
  Welche Entscheidung(en) muss/müssen gefällt werden?
  Was wird von uns erwartet?
  Welche Ziele haben wir bzw. sind uns vorgegeben?
  Was ist das erwartete Ergebnis?
  Was ist NICHT unsere Aufgabe?
- **Fakten:**
  Was wissen wir sicher?
  Welche wichtigen Dinge müssen wir noch wissen?
  Wer arbeitet woran genau?
- **Annahmen:**
  Was kann angenommen werden?
  Was müssen wir annehmen, weil wir es nicht exakt wissen?
- **Teilaufgaben:**
  Hier müssen folgende Fragen gestellt werden:
  Was ist die Grund- bzw. Ausgangsstruktur der Aufgaben? In welche Teilaufgaben kann man sie untergliedern? Wo liegen die Handlungsschwerpunkte? Welche Gruppen von Tätigkeiten gibt es?
  In einer Situation, in der ein Unternehmen z. B. beschuldigt wird, Kunden betrogen zu haben, können dies die folgenden Bereiche sein: Faktenlage sichern; Kundenadressen und Kommunikationskanäle bereitstellen; interne Kommunikation sicherstellen.
- **Wichtigkeit:**
  Wie wichtig ist die jeweilige Teilaufgabe für die Erreichung der Ziele?
  Im oben genannten Beispiel ist die Sicherung der Faktenlage wahrscheinlich wichtiger als die interne Kommunikation.
- **Dringlichkeit:**
  Wie schnell muss gehandelt werden, um die Ziele zu erreichen?
  Dringlichkeit und Wichtigkeit können sich unterscheiden. In unserem Beispiel ist die Kommunikation nach innen wahrscheinlich dringender als die Sicherung der Fakten. Es gilt sicherzustellen, dass keine falschen oder unerwünschten Stellungnahmen nach außen gelangen. Bei der Faktenlage kommt dagegen Sicherheit vor Schnelligkeit.

- **Zu klärende Fragen:** Damit bei der Strukturierung der Teilaufgaben nichts bereits Lösungen vorgegeben werden, ist es hier die Aufgabe des Entscheiders, Leitfragen zu formulieren. Er legt fest, welche Fragen beantwortet, welche Probleme gelöst werden müssen, damit er eine Entscheidung fällen kann. Dabei kommt der zweiten für die Situationsanalyse verantwortlichen Person eine große Bedeutung zu. Er oder sie verhindert, dass der Entscheider vorschnell Lösungen vorgibt und so absichtlich oder unabsichtlich den Blickwinkel der Beteiligten verengt.

- **Regeln, Prinzipien, Leitideen:**
  Hier überlegt sich der Entscheider:
  Welche Regeln, Prinzipien und Leitlinien müssen wir beachten?
  Was ist der große Rahmen, in dem wir agieren?

- **Organisation:** Hier werden erste organisatorische Entscheidungen gefällt, nämlich:
  Wer ist verantwortlich für welche Teilaufgabe?
  Wer arbeitet an welcher Teilaufgabe?

Stakeholder Map

Beschreibung: Mit der Stakeholder Map identifizieren Sie Beteiligte, Betroffene und ihre Anliegen und bestimmen ihren Platz im Entscheidungsprozess.

Es besteht die Gefahr, dass man die Stakeholder in Freunde und Feinde einteilt und Letztere ausschließt. Wir schauen deshalb genau darauf, was die Anliegen und Interessen derer sein könnten, die andere Meinungen vertreten. Beachten Sie dazu bitte das Kapitel »Was macht Entscheidungen tragfähig?« ab Seite 47.

Vorgehen:

- Identifizieren Sie alle Stakeholder, die entweder zur Entscheidung beitragen oder von ihr betroffen sein können. Das sind sowohl einzelne Personen als auch Interessegruppen oder Organisationseinheiten.
- Tragen Sie die ermittelten Stakeholder in eine Tabelle ein und halten Sie fest,

  1. welchen Einfluss auf, welche Macht sie über die Entscheidung haben,
  2. wie sie vermutlich zur Thematik stehen,
     ⇨ ablehnend oder zustimmend,
  3. wie sie sich bei der Umsetzung möglicherweise verhalten werden,
     ⇨ Widerstand oder Passivität oder Unterstützung
     (vgl. Abb. 13, Seite 54),
  4. welche Anliegen und Motive die Stakeholder jeweils haben könnten. Dabei ist es wichtig, dass dies wertschätzend geschieht. D. h. man fragt danach, welche guten bzw. berechtigten Gründe jemand hat, für oder gegen eine Sache zu sein.

- Erstellen Sie dann eine Stakeholder Map, wie sie etwa im Fallbeispiel Globo verwendet wird (vgl. Seite 81).

Stakeholder		Einfluss	Zustimmung	Unterstützung	Motiv/Anliegen
1	CEO	10	9	9	Mandat vom Aufsichtsrat, grosse Chance
2	Leiter Finanzen CFO	5	-2	0	Sieht Riskio der Übernahme durch Trust
3	Leiterin Marketing	5	4	6	Sieht nutzen aber auch Risiken
4	Leiter Operations	5	3	4	Könnte unsere Kapazität übersteigen, Wachstum = Chance
5	Leiter Produkte	5	8	8	Grosse Chance, brauchen als Spartenversicherer Partner
6	Aufsichtsrat	10	7	2	Hat Wachstumsziel gesetzt, noch nicht einzubeziehen
7	Leiterin Recht	3	0	3	Keine explizite Meinung aber unterstützend
8	Aufsichtbehörde	10	0	0	kein Einfluss zu diesem Zeitpunkt
9	Börse	1	5	0	Würde positiv reagieren, aber auch Erwartungsdruck erhöhen
10	Adler Versicherung	10	-5	-5	könnte uns unter Druck setzten, wenn sie von der Verhandlung hören
11	Versicherungskunden	10	-3	-3	skeptisch bis ablehnend, könnten sich nach alternativen Anbietern umsehen
12	Reisebürokunden	1	-3	0	Vermutlich skeptisch, aber werden nicht handeln

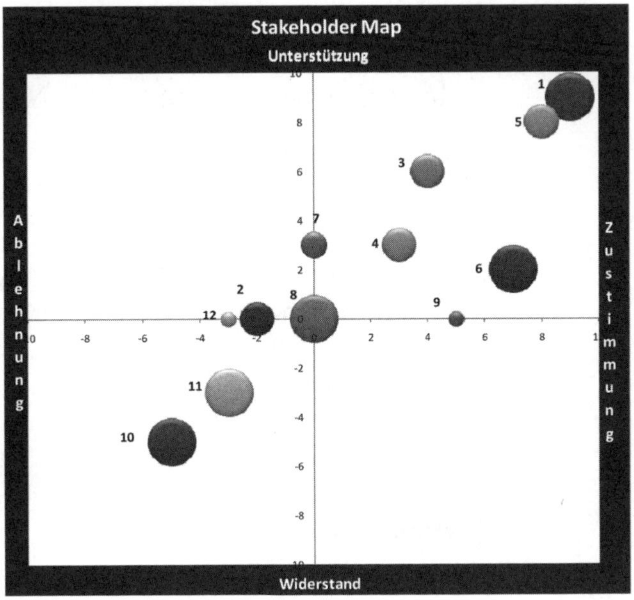

Themensammlung auf Karten

Beschreibung: Mit der Kartenfrage stecken Sie die Themenfelder ab und ermutigen die Beteiligten, ihre Sichtweise zum Thema/Problem einzubringen. Das Ziel ist es, der Gruppe möglichst schnell ein Bild von der Bandbreite der Denkansätze zu vermitteln. Dadurch, dass sie die unterschiedlichen Sichtweisen und Aspekte kennen lernt, gelangt die Gruppe zu einem Verständnis für das Ganze. Ein anderes wichtiges Ziel ist es, jegliche Perspektive zu legitimieren und zu würdigen. So wird indirekt die Botschaft gesendet: Jede/r hat etwas beizutragen.

Die Methode der Kartenfrage ist sehr effektiv, muss aber richtig eingesetzt und angeleitet werden.

Vorgehen:

- Kündigen Sie NICHT die Methode an (etwa: »Wir machen jetzt eine Kartenfrage.«), sondern formulieren sie folgendermaßen: »Wir sammeln jetzt alles, das es für eine gute Entscheidung zu berücksichtigen gilt.«
- Schreiben Sie folgende Frage auf eine Pinnwand: »Welche Themen, Probleme, Fragestellungen müssen wir im Hinblick auf ... [Thema] bearbeiten, lösen, klären?«
- Bitten Sie die Teilnehmenden, ihre Antworten auf jeweils eine Moderationskarte zu schreiben, und zwar so, dass diese auch aus der Entfernung noch gut lesbar sind. Die Antworten können die Teilnehmer allein oder zu zweit formulieren. Letztere Variante hat den Vorteil, dass sie die Redundanz der Ideen verringert und gewährleistet, dass jede Karte schon mindestens einmal diskutiert wurde, bevor sie ins Plenum gelangt.
- Sammeln Sie alle Karten ein, wenn die Letzten mit Schreiben fertig sind. (Keine Sorge, es dauert nie so lange, wie Sie vielleicht befürchten. Und die zuletzt aufgeschriebenen Ideen sind meist die besten.)
- Gruppieren Sie die Karten eine nach der anderen auf der Pinnwand so, dass diejenigen Karten nah beieinander hängen, die auch thematisch zusammenhängen oder bezüglich deren Inhalten dieselbe Gruppe von Personen in etwa die gleichen Dinge erledigen müsste. Lassen Sie die Teilnehmenden entscheiden, welche Karten zusammenpassen. Wenn es dabei zu einer Diskussion kommt, ist das ein Hinweis darauf,

dass hier etwas zu klären ist. Wenn Sie das an dieser Stelle tun, haben Sie schon ein mögliches Hindernis auf dem Weg zur Entscheidungsfindung beseitigt.

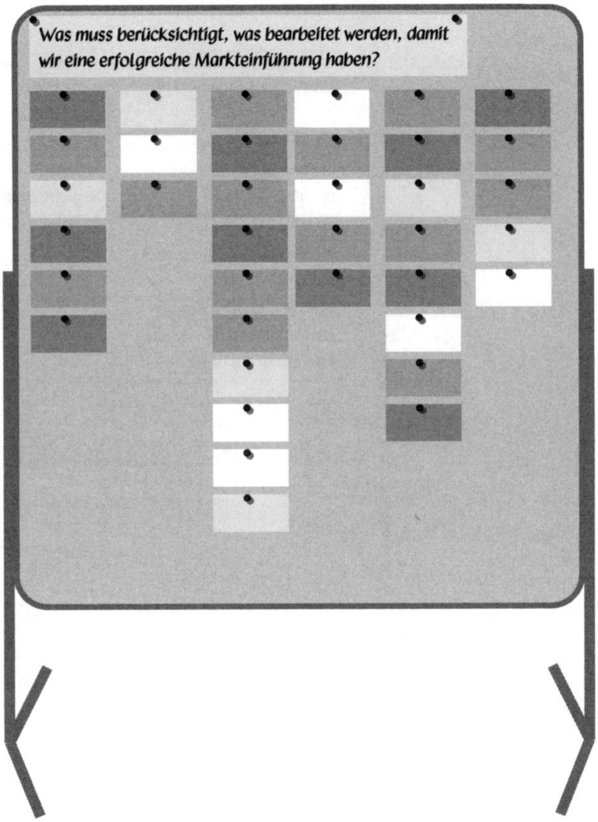

- So entsteht eine strukturierte Übersicht aller Aspekte, für die Sie im nächsten Schritt zusammen mit den Beteiligten Arbeitstitel bzw. Überschriften finden und in eine Liste eintragen. Man kann später am besten mit Arbeitstiteln weiterarbeiten, die als offene Frage formuliert sind. Verwenden Sie daher z. B. statt der Überschrift »Information?« die Frage »Wer muss durch wen informiert werden?«.

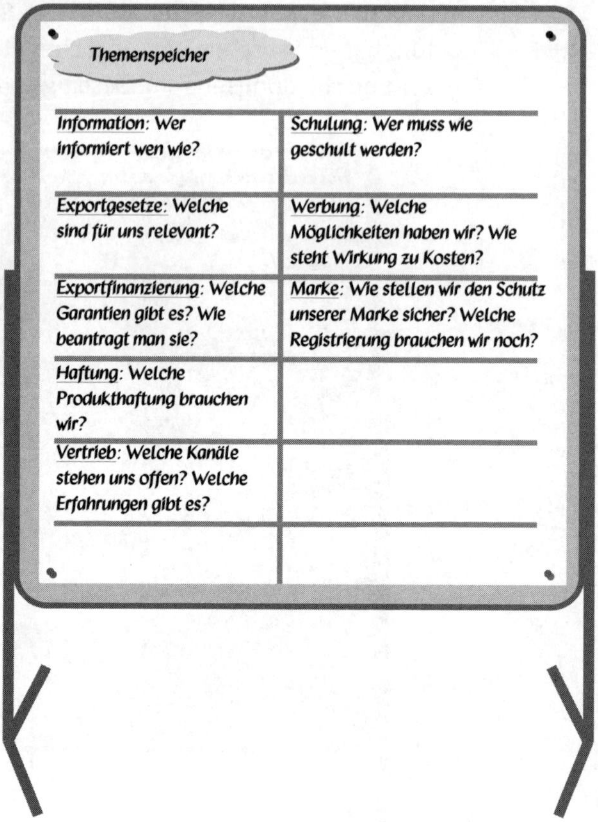
Themenspeicher
Information: Wer informiert wen wie?
Schulung: Wer muss wie geschult werden?
Exportgesetze: Welche sind für uns relevant?
Werbung: Welche Möglichkeiten haben wir? Wie steht Wirkung zu Kosten?
Exportfinanzierung: Welche Garantien gibt es? Wie beantragt man sie?
Marke: Wie stellen wir den Schutz unserer Marke sicher? Welche Registrierung brauchen wir noch?
Haftung: Welche Produkthaftung brauchen wir?
Vertrieb: Welche Kanäle stehen uns offen? Welche Erfahrungen gibt es?

Wer, Was, Wann, Wo, Wie-Methode

Beschreibung: Diese Methode ist eine Alternative zur Themensammlung auf Karten. Damit unterstützen Sie die Gruppe dabei, alle Fragen auf den Tisch zu bringen. Wichtig ist hier wieder, dass die Gruppe zunächst das ganze Spektrum der Fragen erfasst, bevor sie an einzelnen Fragen hängen bleibt.

Wenn Probleme in Gruppen gelöst werden sollen, kommen sehr unterschiedliche Fragen zutage, weil jeder einen anderen Blickwinkel einnimmt. Da alle Mitglieder der Gruppe ihre Fragen beantwortet haben möchten, tun sie sich oft schwer damit, einzusehen, dass sehr viel mehr Fragen als nur die eigenen beantwortet werden müssen. Diese Methode rückt die gesamte Bandbreite der Fragen in den Fokus.

Vorgehen:

- Bereiten Sie auf Pinn- bzw. Stellwänden fünf Plakate vor: Wer? Was? Wann? Wo? Wie?
- Beginnen Sie mit dem zentralen Thema auf dem Flipchart: z. B. »Vorbereitung des Messeauftritts 2010 – nach dem Flop 2009«.
- An der Wer-Wand beginnt die Gruppe nun ein Brainstorming mit Fragen, die alle mit dem Wort »Wer?« beginnen: z. B. Wer wird die Vortragsthemen zusammenstellen? Wer kennt jemanden, der uns einen besseren Standplatz vermitteln kann? Wer muss eingeladen werden?
- Wiederholen Sie dies für jedes Plakat.
- Wenn alle fünf Plakate vollständig ausgefüllt sind, finden Sie zunächst gemeinsam heraus, welche Fragen leicht zu beantworten sind, und erstellen Sie dazu eine Liste. Planen Sie dann, wie die anderen Fragen beantwortet werden können.

Wenn die Gruppe größer ist, stellen Sie die fünf Wände in einem Kreis auf und teilen die Gruppe so, dass mindestens zwei Personen an einer Wand stehen. Dann wechseln die Teilgruppen im Uhrzeigersinn alle zehn Minuten eine Wand weiter.

Fakten und Meinungen

Beschreibung: Mit dieser Methode ermöglichen Sie es den Beteiligten, eine Menge Informationen auszutauschen, ohne in eine Diskussion darüber zu geraten, wer Recht hat oder was wahr ist. Diese Methode ist ebenfalls eine Alternative zur Themensammlung auf Karten, wie auch zur Wer, Was, Wann, Wo, Wie-Methode.

Vorgehen:

- Bereiten Sie zwei Plakate vor: eines mit der Überschrift »Fakten« und ein anderes mit der Überschrift »Meinungen«.
- Wählen Sie ein Thema und fragen Sie die Gruppenmitglieder: »Was wissen Sie über dieses Thema?«
- Jedes Gruppenmitglied soll die Antworten auf Karten schreiben und dabei eine Farbe für Fakten benutzen und eine andere für Meinungen. Wenn jemand fragt, ob etwas ein Faktum oder eine Meinung sei, dann lassen Sie ihn/sie das selbst entscheiden. Wenn er/sie nicht sicher ist, schreibt er/sie die Karten für beide Wände.
- Sobald jemand fertig ist, soll er/sie seine Karten anpinnen. Vielleicht will jemand, nachdem er/sie gelesen hat, was andere geschrieben haben, noch etwas nachtragen.

Wenn alle Fakten und Meinungen zusammengetragen sind, erstellen Sie eine Liste mit Themen für die Weiterarbeit.

Gap Analysis

Beschreibung: Die Gap Analysis ist eine einfache Strukturmethode, mit der Sie die Bearbeitungsreihenfolge der Entscheidungsaspekte bzw. -themen in einer Gruppe festlegen. Diese Methode eignet sich sehr gut, um die mit den vorangegangenen Methoden gesammelten Themen zu strukturieren und in eine Reihenfolge zu bringen.

Vorgehen:

- Schreiben Sie auf einer Pinnwand alle Themen/Aspekte untereinander in eine Liste (linke Spalte in der Abbildung unten.)
- Geben Sie jedem Mitglied der Gruppe Klebepunkte in zwei Farben, und zwar jeweils etwa halb so viele, wie Themen auf der Liste stehen.
- Bitten Sie die Mitglieder der Gruppe, ihre Klebepunkte nach zwei Leitfragen (vgl. mittlere und rechte Spalte der Abbildung) auf die Themen zu verteilen. Häufeln ist erlaubt.

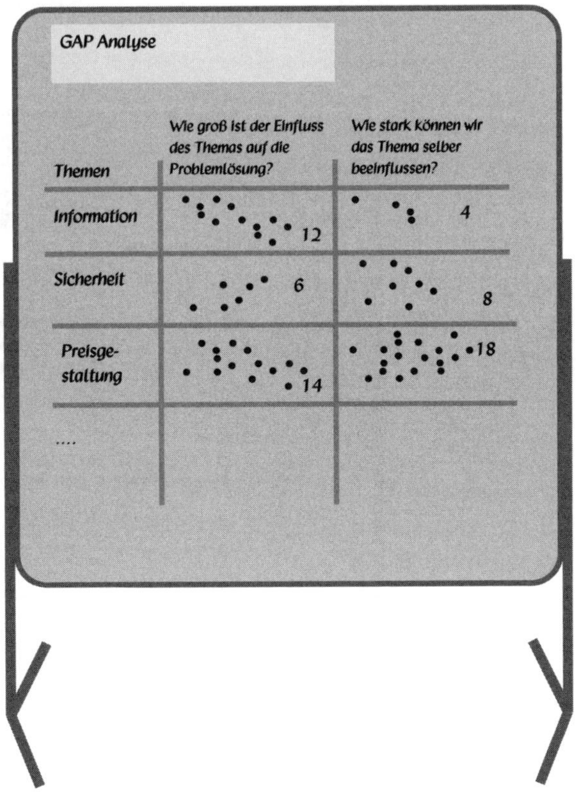

Zählen Sie die Punkte in den sechs Feldern und übertragen Sie diese in ein Koordinatensystem, wie in der nächsten Abbildung dargestellt. Dabei bilden die mittlere und die rechte Spalte der Tabelle je eine Achse, die Sie gemäß den höchsten Punktzahlen in den Spalten skalieren. In unserem Beispiel heißt das:

⇨ auf der X-Achse fünf Stufen bis zum Wert 14 (= maximale Punktzahl in der mittleren Spalte) in Dreierschritten und

⇨ auf der Y-Achse fünf Stufen bis zum Wert 18 (= maximale Punktzahl in der rechten Spalte) in Viererschritten.

Die Bearbeitungsreihenfolge geht dann von rechts oben nach links unten. Denn rechts oben stehen jene Themen, die einen großen Einfluss auf die Problemlösung haben und gleichzeitig selbst stark beeinflusst werden können.

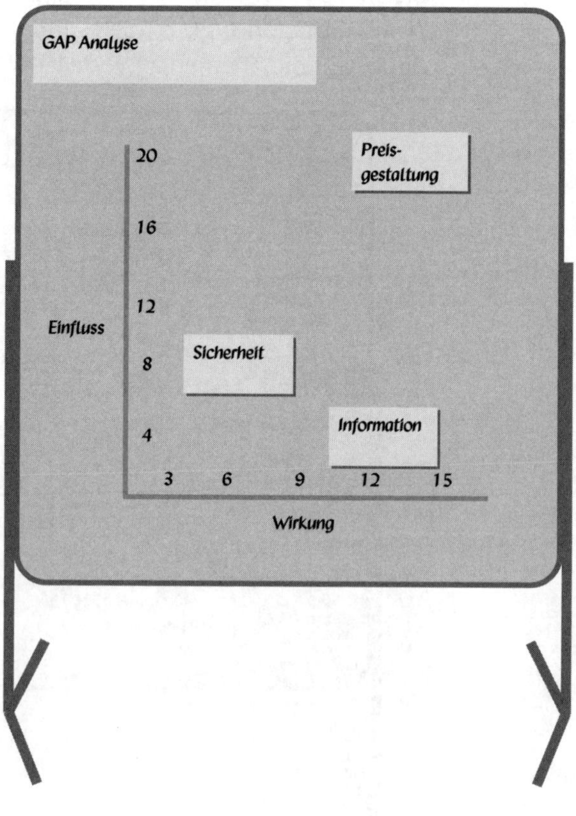

Unaussprechliches

Beschreibung: Mit der Methode »Unaussprechliches« können Sie den Beteiligten einen Weg zeigen, wie Schwieriges artikuliert und diskutiert werden kann, ohne dass sie weiter gehen müssen, als sie wollen oder können.

Es gibt viele Gründe, warum Menschen nicht aussprechen, was sie wirklich denken. Manchmal halten sie ihre Gedanken zurück, weil das Risiko zu groß ist. Manchmal melden sie sich nicht zu Wort, weil sie unsicher sind, ob das, was sie eigentlich sagen wollen, überhaupt erwähnenswert ist. Vielleicht sind sie nur einfach nicht in der Lage, das, was sie sagen wollen, auf den Punkt zu bringen.

Diese Aktivität hilft den Gruppenmitgliedern, sich mit den Gedanken auseinanderzusetzen, die sie in einer Diskussion haben, aber nicht aussprechen. Sie gibt ihnen die Gelegenheit, zu überprüfen, ob es für die Gruppe und ihr Thema nützlich wäre, wenn sie diese Gedanken artikulieren würden. Damit unterstützt diese Methode die gesamte Gruppe darin, schwierige Themen zu benennen.

Vorgehen:

- Erklären Sie zunächst, worum es geht: »Manchmal bleiben Dinge ungesagt, bei denen es besser wäre, sie würden ausgesprochen. Die folgende Struktur hilft uns, darüber Klarheit zu gewinnen. Dabei kann jeder jederzeit bestimmen, was er ausspricht und was er lieber für sich behält.«
- Bilden Sie Zweiergruppen. Bitten Sie jeden der Partner, folgende Frage zu beantworten: »Welche Gedanken oder Stimmungen bezüglich unseres Themas habe ich bisher nicht laut ausgesprochen?«
- Fragen Sie danach jeden Partner innerhalb der Zweiergruppen: »Wäre es für die gesamte Gruppe bzw. für den Entscheidungsprozess gut, wenn wir die Meinung Ihres Partners hören würden?«
- Lassen Sie dies kurz in den Zweiergruppen diskutieren.
- Kommen Sie wieder ins Plenum. Fragen Sie dann, wer einige seiner Gedanken, die für die anderen nützlich sein könnten, aussprechen möchte.

- Gruppenmitglieder, die sich nicht äußern wollen, kann man fragen, was sie daran hindert, sich zu artikulieren, und was man eventuell zuerst besprechen oder klären sollte, damit jeder leichter seine Meinung beitragen kann. Wenn jemand sich dann immer noch nicht äußern mag, muss man sehen, ob man trotzdem weiterkommt oder nicht. Manchmal kann man einfach damit leben, manchmal sind stärkere Interventionen wie der Austausch des betreffenden Mitglieds oder die Eskalation in der Hierarchie notwendig. Problematisch ist dabei, dass jeder Einsatz von Macht eine gute Legitimation erfordert, die für alle anderen akzeptabel ist und deren Zustimmung findet.

Drei Beschwerden

Beschreibung: Mit dieser Methode schaffen Sie einen strukturierten Rahmen für Beschwerden und andere Anliegen, welche die Beteiligten beschäftigen.

Menschen die Möglichkeit zu geben, sich über ihre Situation zu beschweren, kann äußerst wirkungsvoll sein. Wenn sie Dinge sagen dürfen, die normalerweise nicht akzeptabel sind, bringt dies oft nützliche Informationen über die aktuelle Situation zutage, die sonst verborgen blieben. Darüber hinaus sind Menschen, welche die Gelegenheit haben, ihre negativen Gefühle auszusprechen statt sie ständig herunterschlucken zu müssen, eher in der Lage, mit einer Aufgabe voranzukommen.

Gewöhnlich machen Menschen in einer Gruppe nach dieser Aktivität beträchtliche Fortschritte. Diese Methode ist eine Alternative zur Methode »Unaussprechliches«.

Vorgehen:

- Lassen Sie jedes Mitglied der Gruppe anonym auf ein Blatt Papier drei Beschwerden über die Situation schreiben, um die es gerade geht.
- Alle Zettel kommen in einen Hut.
- Ziehen Sie einen Zettel, lesen Sie ihn laut vor und bitten Sie um Kommentare. Ggf. will sich auch der Autor zu erkennen geben.
- Nach drei oder vier Kommentaren, ziehen Sie den nächsten Zettel und wiederholen den Prozess. Nach zehn bis fünfzehn Zetteln klären Sie mit der Gruppe, ob es genug ist oder ob sie noch weitermachen möchte.
- Schließen Sie mit einer Blitzlicht-Runde ab: »Was habe ich in dieser Runde Neues erfahren und was bedeutet das meiner Ansicht nach für unser Thema?«

3.3 Methoden zur Connecting-Phase

Perspektiven erkunden

Beschreibung: Indem Sie relevante Fragen stellen, fördern Sie das gegenseitige Verständnis. Genau dazu dient diese Methode.

Oft zögern Menschen, Fragen zu stellen, weil das als Kritik aufgefasst werden könnte. Mit der nachfolgend beschriebenen Struktur verhindern Sie, dass die Beteiligten kritische Fragen als Kritik auffassen. Dieses Vorgehen baut Vertrauen auf und verbessert signifikant das gegenseitige Verständnis für Unterschiede.

Vorgehen:

- Bitten Sie jemanden, als Fokusperson den Anfang zu machen. Er/sie formuliert in wenigen Sätzen, wie er/sie die Sache sieht und/oder präsentiert eigene Vorschläge: »Hier ist der Gesichtspunkt, den ich beitragen will«.
- Dazu soll ein anderer Fragen stellen wie: »Was ist aus Ihrer Sicht dabei besonders wichtig?« oder »Was genau meinen Sie mit ...?« oder »Wie könnte das erreicht werden?« Die Fokusperson antwortet dann auf die Fragen.
  Es hilft, wenn Sie auf einem Flipchart ein paar Regeln dazu notieren, wie gefragt werden soll:
  - Stellen Sie offene Fragen: Wie? Was? Wann?
  - Vermeiden Sie die Frage »Warum?«, weil sie Rechtfertigungszwang auslösen kann.
  - Fragen sollten sich nicht auf die eigene Meinung des Fragestellers, sondern auf die der Fokusperson beziehen, z. B.: »Was denken Sie, geschieht, wenn wir dies oder jenes tun?«
- Wenn der Fragende mit der Antwort zufrieden ist, gehen Sie weiter. Wenn nicht, soll der Fragesteller zunächst wiederholen, was er von der Fokusperson gehört hat, und die Fokusperson ergänzt, was noch unklar geblieben ist. Wenn sich beide verstanden fühlen, kann die nächste Person Fragen stellen.
- Nach drei bis vier Fragestellern wechselt die Fokusperson.

Beachten Sie: Ziel ist es hier, gegenseitiges Verständnis zu schaffen, und *nicht*, Unterschiede auszuräumen! Dies muss vorher sehr deutlich gesagt werden und, falls erforderlich, auch immer wieder zwischendurch.

Von Positionen zu Interessen und Bedürfnissen

Beschreibung: Wenn die Argumente sich im Kreis drehen, hören Sie besser auf, über vorgeschlagene Lösungen zu diskutieren. Dann ist es an der Zeit, über die dahinter liegenden Motive und Interessen zu reden. Mit dieser Methode können Sie Klarheit über Anliegen und Bedürfnisse der Beteiligten schaffen. Es wird leichter, Lösungsvorschläge zu entwickeln, die ein breiteres Spektrum an Interessen abdecken, wenn diese erst einmal deutlich und für alle verständlich geworden sind.

Positionen oder Forderungen sind konkrete Resultate, die jemand erreichen will und die er mit sachlichen Argumenten untermauert. Motive oder Interessen sind die unmittelbar hinter diesen Positionen stehenden Gründe.

Bedürfnisse und Werte bilden wiederum den tieferen Hintergrund von Motiven und Interessen.

Wenn jemand in einer Verhandlung einen höheren Preis fordert und nicht bereit ist, nachzugeben, so nennt er als Gründe dafür vielleicht Marktentwicklung, Konkurrenzpreise, etc. Das sind die Sachargumente, um seine Position zu festigen. Das Motiv dahinter könnte sein, dass er seine Quartalszahlen nur noch mit diesem einen Abschluss erreichen kann oder dass er auf der Rangliste der erfolgreichen Verkäufer an die Spitze gelangen will. Beides sind nachvollziehbare und berechtigte Motive. Diesen Motiven könnten folgende Bedürfnisse zugrunde liegen: Der Betreffende möchte seinem Selbstbild von Standhaftigkeit gerecht werden, Anerkennung von seinem Vorgesetzten erhalten, auf keinen Fall verlieren oder sich fair behandelt fühlen.

Interessen sind handfeste Gründe, die viele Menschen gut artikulieren können. Um über Interessen zu reden, ist ein Mindestmaß an gegenseitigem Vertrauen und Respekt erforderlich. Werte und Bedürfnisse sind subtiler und oft mehr gefühlt als gewusst. Deshalb werden sie im unternehmerischen Kontext eher selten geäußert.

Vorgehen:

- Wenn die Diskussion sich im Kreis dreht und die Argumente sich wiederholen, steigen Sie aus der Diskussion aus. Das können Sie zum Beispiel mit dem folgenden Satz tun: »Es sieht so aus, als bräuchten wir mehr Klarheit darüber, aufgrund welcher Interessen oder Anliegen jemandem sein Vorschlag so wichtig ist.«
- Vergewissern Sie sich, dass alle Beteiligten den Unterschied zwischen den »vorgeschlagenen Lösungen« und den »dahinter liegenden Interessen« verstehen. Nehmen Sie sich Zeit für diese Klarstellung. Dazu können Sie die oben gemachten Erläuterungen verwenden.
- Lassen Sie jeden Teilnehmer die Frage beantworten, »Was erwarte ich, was hoffe ich, was befürchte ich, wenn dieses oder jenes eintritt?«, oder die Aussage vervollständigen, »Meine Erwartung, Hoffnung, Befürchtung ist, dass [...]«. Wählen Sie Worte, die ins Umfeld passen. Es fällt manchen Menschen z. B. schwer, über Hoffnungen zu sprechen. Meistens haben sie aber kein Problem damit, zu sagen: »Mir ist wichtig, dass [...].«
- Machen Sie so lange weiter, bis alle Teilnehmer das Gefühl haben, dass ihre Interessen klar zum Ausdruck gekommen sind. Bitten Sie dann die Gruppe, neue Lösungsvorschläge zu generieren, die versuchen, dieses erweiterte Spektrum von Interessen zu berücksichtigen (vgl. dazu die Methode der Reconciliation).

Feedback-Kreis

Beschreibung: Dies ist eine sehr wirkungsvolle und einfach anzuwendende Methode, die in Arbeitsgruppen ein hohes Maß an Offenheit und Klarheit darüber schaffen kann, welche Meinungen die Mitglieder der Gruppe voneinander haben.

Inhaltlich lebt die Methode stark von geeigneten und der Situation angemessenen Feedback-Fragen. Dieses Vorgehen empfiehlt sich, wenn Sie vermuten, dass die Menschen, die im Entscheidungsfindungsprozess zusammen arbeiten sollten, Bilder und Meinungen von einander haben, die die Zusammenarbeit behindern. Häufig ist dies der Fall, wenn die Teilnehmer aus unterschiedlichen Bereichen kommen. Gegenseitige Vorurteile und Stereotype oder Erfahrungen aus vergangenen Situationen, die mit der gegenwärtigen nichts zu tun haben, funken oft dazwischen und stören die konstruktive Zusammenarbeit.

Vorgehen:

- Bereiten Sie für jedes Gruppenmitglied eine Pinnwand mit der Fragenstruktur vor, die Sie gewählt haben (siehe unten).
- Stellen Sie alle Wände in einem Kreis auf, jeweils mit der Plakatseite nach außen.
- Jeder Teilnehmer geht nun an eine Wand und schreibt seinen Namen in das Feld links oben. Auf ein Signal des Moderators hin gehen dann alle im Uhrzeigersinn eine Wand weiter und schreiben ihre Kommentare und Antworten zu der betreffenden Person in die vorgesehenen Felder.
- Regel: Alle versehen ihre Kommentare und Antworten mit dem eigenen Kürzel, damit Transparenz und Offenheit entstehen und später entsprechende Rückfragen gestellt werden können.
- Nach sieben Minuten geht jeder erneut eine Wand weiter. Das wird so lange wiederholt, bis schließlich alle wieder an ihrer eigenen Wand stehen. Dort geht jeder die Antworten und Kommentare durch, die er erhalten hat, und markiert jede Antwort bzw. jeden Kommentar mit einem Symbol:

✓ »Das sehe ich genauso, damit bin ich einverstanden.«

ϟ »Das sehe ich nicht so, da bin ich ganz anderer Meinung.«

? »Das verstehe ich nicht, dazu habe ich Fragen.«

💬 »Darüber würde ich gerne intensiver reden, diskutieren, etc.«

- In der nächsten Runde treten der Reihe nach alle Teilnehmer mit der eigenen Wand vor die Gruppe und gehen die Dinge durch, die sie mit den anderen besprechen und klären wollen.

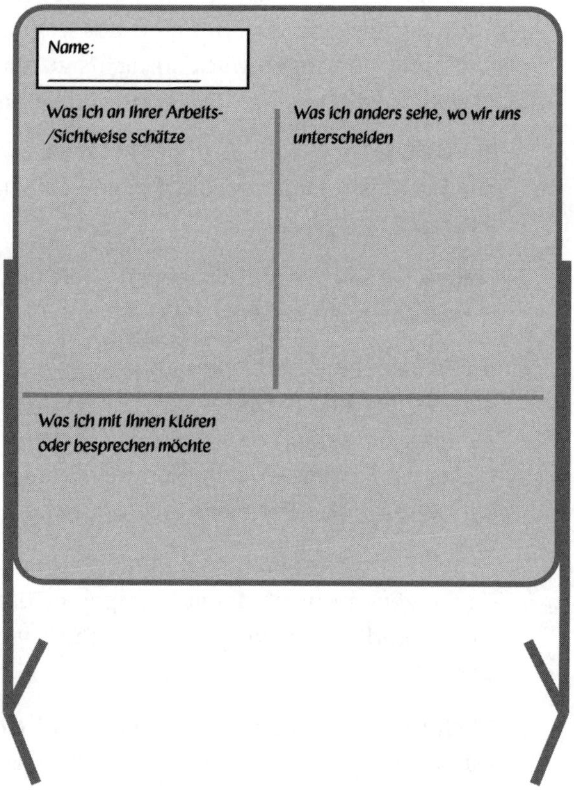

Mit den folgenden Fragen haben wir gute Erfahrungen gemacht, viele andere funktionieren aber ebenso gut. Wesentlich ist, dass sie – auch bei den kritischen Punkten – immer zu respektvollem Feedback einladen.

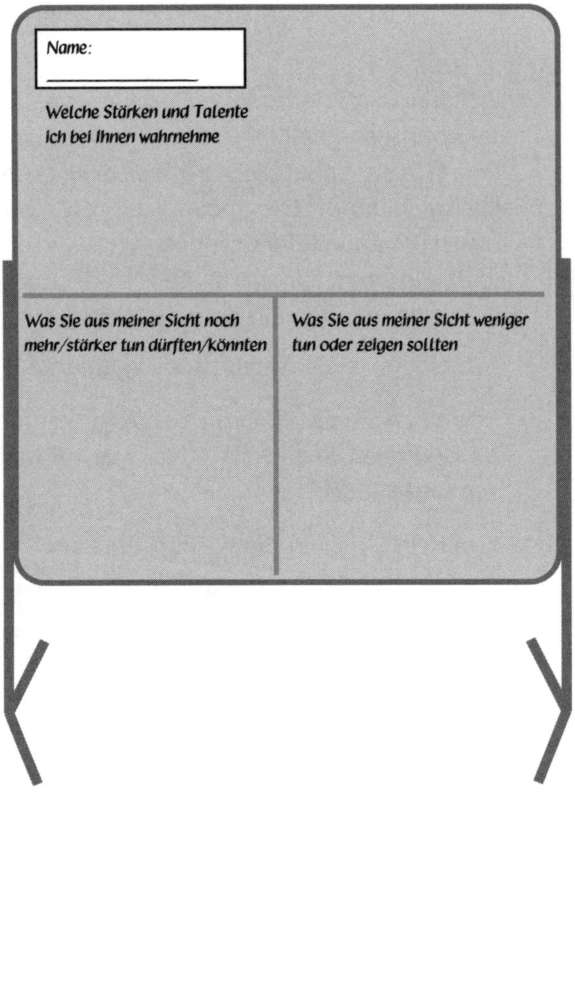

Reconciliation

Beschreibung: Mit der Reconciliation-Methode lösen Sie das Gegeneinander von Interessen und Anliegen auf. Dadurch dass die Interessen auf zwei Achsen dargestellt werden, entsteht ein Raum für neue Lösungen, die möglichst vielen Interessen gerecht werden.

Die Stärke der Methode liegt darin, dass unter Umständen neue Lösungen entstehen, die allen Beteiligten mehr bringen, als wenn ihre ursprüngliche Position erfüllt wird (siehe dazu das Fallbeispiel unten). Die Reconciliation-Methode verbindet die Connect-Phase mit der Compose-Phase. In der Connect-Phase wird der Lösungsraum geschaffen. In der Compose-Phase werden Lösungen innerhalb dieses Raums gesucht.

Vorgehen:

- Schreiben Sie die wichtigsten Argumente (Positionen auf).
- Schreiben Sie daneben die den Argumenten jeweils zugrunde liegenden Bedürfnisse (vgl. »Von Positionen zu Interessen und Bedürfnissen«, Seite 147).
- Ermitteln Sie dann die wichtigsten konkurrierenden Bedürfnisse.
- Suchen Sie nun Lösungen, die möglichst viele dieser Bedürfnisse und Interessen berücksichtigen.
- Positionieren Sie diese Lösungen im Lösungsraum, d. h. beurteilen Sie, welche Lösung welche Interessen und Anliegen befriedigt. Je weiter oben rechts eine Lösung steht, desto mehr Interessen sind erfüllt. Manchmal gibt es auch Lösungen, die außerhalb des ursprünglichen Rahmens liegen.
- Diese Vorgehensweise ist im Fallbeispiel der Globo-Reiseversicherung auf Seite 93 beschrieben.

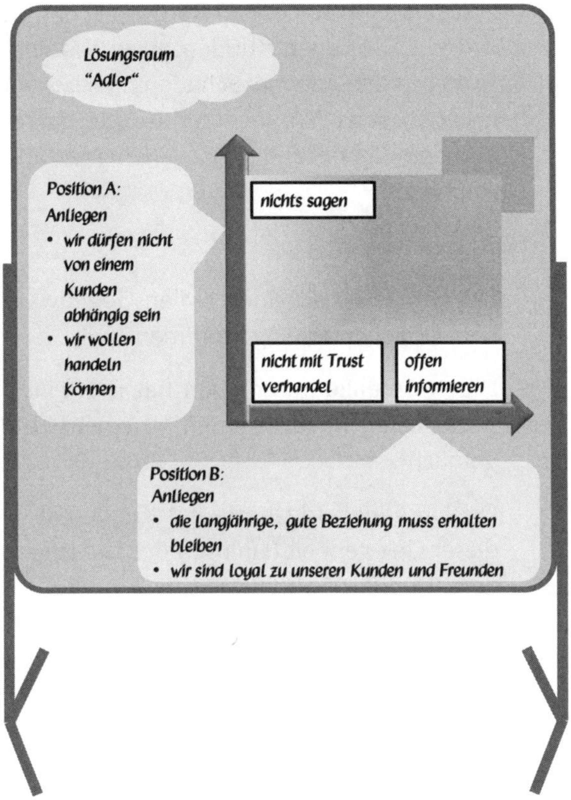

Beispiel: Ein Kosmetikunternehmen erhält immer wieder Reklamationen von Kunden, bei denen sich Kleidungsstücke durch Kontakt mit Selbstbräunungscreme verfärbt haben. Auf der Verpackung wird ausdrücklich darauf hingewiesen, dass die Creme zu Verfärbungen bei Textilien führen kann.

Die folgenden beiden Positionen stehen einander gegenüber:

- Kunden: Wir wollen den Schaden ersetzt haben, den Ihre Creme verursacht hat.
- Unternehmen: Wir weisen ausdrücklich auf dieses Risiko hin. Die Kunden sind selbst schuld, wenn sie die Packungshinweise nicht beachten.

Die den Positionen zugrunde liegende Bedürfnisse sind:

- Kunden: Anerkennung des Ärgers und Ersatz des Schadens.
- Unternehmen: Keine Kosten verursachen wegen etwas, wofür das Unternehmen nichts kann.

Die Lösung im Sinne der Reconciliation: Das Unternehmen gibt den betroffenen Kunden einen Warengutschein im Umfang des entstandenen Schadens. Dieser Gutschein kann in den Läden einer Drogeriemarkt-Kette eingelöst werden. Das Unternehmen ersetzt der Drogeriemarkt-Kette die Waren zum Einkaufspreis.

Der Gewinn:

- Der Kunde erhält einen realen Gegenwert und wird in seinem Anliegen ernst genommen.
- Das Kosmetikunternehmen hat mit minimalem Kostenaufwand einen unzufriedenen zu einem zufriedenen Kunden gemacht.
- Die Drogeriemarkt-Kette hat Kunden in den Läden, die bei dieser Gelegenheit (Einlösen des Gutscheins) meist noch andere Produkte kaufen.

3.4 Methoden zur Composing-Phase

Optionen darstellen

Beschreibung: Diese Struktur stellt sicher, dass Optionen so dargestellt werden, dass sie verglichen und besprochen werden können. Das ist von zentraler Bedeutung, wenn die Entscheidung fundiert sein soll. Dafür eignet sich z. B. PowerPoint nicht, weil hier ein Vergleich nicht möglich ist.

Wir empfehlen, Optionen auf Flipcharts oder Pinnwänden darzustellen. So hat der Entscheider alles auf einen Blick vor sich.

Vorgehen:

- Lassen Sie vom Entscheidungsteam zu einem Thema bzw. Problem drei verschiedene Lösungsoptionen entwickeln, die dieser Struktur folgen:
  Merkmale – Stärken – Schwächen – Bild/Grafik.
  Der Schritt, eine Idee in einem Bild darzustellen, führt dazu, dass die Idee nochmals präzisiert wird, und vereinfacht auch die Diskussion.

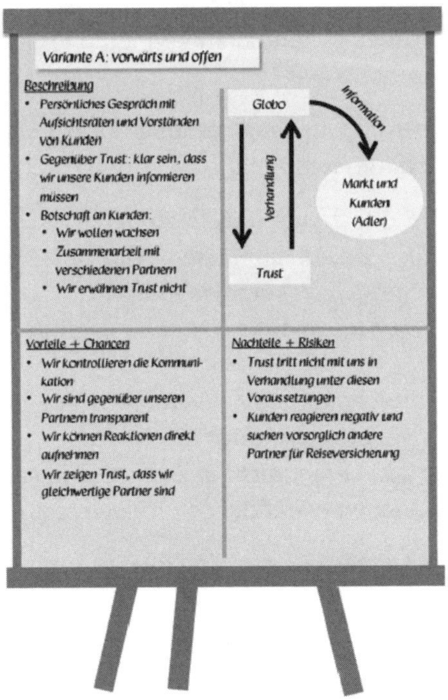

Bewerten Sie dann in der Entscheidungsgruppe jede Option mit Hilfe des Kriterienkatalogs (vgl. die Methode »Evaluationskriterien klären«).

Brainstorming

Beschreibung: Nutzen Sie Brainstorming, um kreative Lösungen zu finden. Aber nutzen Sie die Methode richtig!

Jeder kennt Brainstorming. Doch allzu oft führt es gar nicht zu einem richtigen »brain storm«, weil das Wichtigste übersehen wird: Man braucht Durchhaltewillen, um den Übergang von den »Lieblingsideen«, die sofort zu Anfang kommen, zu den wirklich kreativen Ideen zu schaffen. Wenn dieser Übergang vollzogen ist und nicht durch vorzeitiges Debattieren verhindert wird, entstehen neue Ideen und es werden Möglichkeiten gefunden, die eine festgefahrene Diskussion aus der Sackgasse führen können.

Der Grundsatz lautet hier: tausend Ideen, zehn Optionen, ein Erfolg! Erwarten Sie also nicht von jedem Brainstorming gleich revolutionäre Ideen. Aber mit etwas Übung – und eben Durchhaltewillen – werden Sie mehr kreative Lösungen finden, als dies in »gewöhnlichen« Diskussionen er Fall ist.

Vorgehen:

- Bestimmen Sie einen Moderator. Dieser sollte sich auf diese Aufgabe konzentrieren können und deshalb selbst keine Ideen generieren.
- Schreiben Sie die Fragestellung auf ein Flipchart und erklären Sie diese, falls nötig.
- Stellen Sie folgende Regeln auf:
  Den Ideen freien Lauf lassen! Mut zum Verrückten!
  Fassen Sie sich so kurz wie möglich.
  Jede/r darf Ideen aufgreifen und verändern oder weiterentwickeln.
  Kein Kommentar und keine Kritik während der Ideensammlung – weder verbal noch nonverbal!
  Pausen aushalten, nicht in Diskussionen abschweifen.
  So viele Ideen wie möglich produzieren.
- Setzen Sie diese Regeln durch!
- Alle Beteiligten rufen dem Moderator ihre Ideen zu. Halten Sie Schweigen und passive Momente aus und verhindern Sie das Abgleiten in Diskussionen. Aus dem Schweigen und Nachdenken entstehen neue Ideen. Die wirklich guten Einfälle kommen nie gleich in den ersten fünf Minuten.
- Dauer: 15 bis 20 Minuten.

Role Storming

Beschreibung: Kreativität auf Kommando ist schwierig. Mit dem Role Storming setzen Sie die »Schere im Kopf«, die Ideen gleich zensiert, außer Kraft. Die Methode macht außerdem auch Spaß, was eine wichtige Voraussetzung für kreative Lösungen ist. Sie eignet sich insbesondere dafür, ungewöhnliche und erweiterte Perspektiven zu erzeugen.

Vorgehen:

- Lassen Sie jeden Teilnehmer für sich einen Charakter wählen. Das kann eine Führungspersönlichkeit sein, eine fiktive Gestalt, ein typischer Kunde. Einzige Bedingung ist: derjenige ist nicht im Raum.
- Stellen Sie die Grundregeln für Brainstorming vor (vgl. Seite 156).
- Beginnen Sie ein Brainstorming bezüglich der Fragen, die man sich zum bestehenden Problem stellen muss. Dabei sollte die Hälfte der Beteiligten aus der Sicht ihres angenommenen Charakters sprechen, während die andere Hälfte aus der eigenen Sicht spricht.
- Nach ein paar Minuten wechseln die Rollen.

Time Line

Beschreibung: Mit der Methode »Time Line« schaffen Sie Klarheit darüber, wie viel Zeit eine Aktivität braucht, um ein Ziel oder einen Meilenstein zu erreichen. Diese Methode stellt sich der Tatsache, dass nicht jede/r die gleiche Vorstellung davon hat, was wann geschieht und wie viel Zeit dafür gebraucht wird. Auf diese Weise kann eine Gruppe leichter herausfinden, worin sie übereinstimmt und worin nicht, und es ist möglich, zu einem gemeinsamen Verständnis davon zu kommen, was machbar ist und was nicht.

Vorgehen:

- Hängen Sie mehrere Plakate (oder eine breite Tapetenrolle) in den Raum. Ganz rechts schreiben Sie das Ziel der Gruppe auf, z. B. »Ein neues Büro in einer neuen Hauptstadt eröffnen.«
- Bitten Sie die Gruppe, drei bis fünf Meilensteine zu generieren, die auf dem Weg zu diesem Ziel erreicht werden müssen.
- Schreiben Sie die Meilensteine von links nach rechts auf die Plakate. Lassen Sie so viel Platz wie möglich zwischen den einzelnen Meilensteinen.
- Teilen Sie die Gruppe in Kleingruppen und ordnen Sie jeder Kleingruppe einen Meilenstein zu. Jede Gruppe soll sich nun mit einem Meilenstein identifizieren und alle Schritte auflisten, die notwendig sind, um diesen Meilenstein zu erreichen. Jeder Schritt soll auf eine Karte geschrieben werden.
- Lassen Sie nun alle der Reihe nach ihre Karten auf die Plakate heften. Beginnen Sie dabei ganz rechts beim Ziel und gehen Sie dann Schritt für Schritt zurück nach links. Gleichzeitig können die anderen Teilnehmer die Plakate betrachten und ggf. Karten ergänzen.

Zündfunke

Beschreibung: Manchmal kommt der Ideenfluss nicht recht in Gang oder die gefundenen Ideen erscheinen noch zu konventionell. Mit dieser Methode »zünden« Sie neue Ideen. Die Methode »Zündfunke« ist eine Erweiterung des Brainstormings, bei der das Denken »out of the box« angeregt wird.

Vorgehen: Variante 1

- Einstieg wie Brainstorming (vgl. Seite 156).
- Teilen Sie an alle Beteiligten drei kleine Karten oder Klebezettel aus.
- Bitten Sie die Teilnehmer, je ein Substantiv, das ihnen gerade einfällt, auf jede Karte zu schreiben. (Karten können auch im Voraus produziert werden.)
- Mischen Sie alle Karten und decken Sie die erste auf.
- Kreieren Sie nun Ideen, welche die Fragestellung mit dem Wort auf der Karte verbinden. Zum Beispiel die Fragestellung, »Wie können wir bei gleichem Personalbestand einen 24-Stunden-Service anbieten?«, in Verbindung mit dem Wort »Weihnachtsmann«. Eine Idee könnte hier lauten: »Wir arbeiten mit Freischaffenden, wie die Weihnachtsmännervereinigung«.

Variante 2

- Einstieg wie Brainstorming (vgl. Seite 156).
- Nehmen Sie ein Buch und bitten Sie einen Teilnehmer, eine Zahl zwischen eins und der Gesamtzahl der Buchseiten zu nennen. Öffnen Sie das Buch auf der entsprechenden Seite.
- Bitten Sie nun einen anderen Teilnehmer, eine Zahl zu nennen (Bandbreite ist hier die Anzahl der Zeilen pro Seite). Wählen Sie auf der Seite die entsprechende Zeile und dann das erste Substantiv aus.
- Kreieren Sie nun Ideen, welche die Fragestellung mit dem Substantiv verbinden. Zum Beispiel die Fragestellung, »Wie können wir die Lagerkosten senken?«, mit dem Wort »Landkarte«. Eine Idee könnte hier lauten: »Wir lassen unsere Güter permanent über die Landkarte fahren«.

Methode des zugrunde liegenden Prinzips

Beschreibung: Mit dieser Methode zur Generierung neuer Ideen sprechen Sie Teams an, die eher systematisch und »rational« vorgehen und sich mit allzu kreativen Methoden schwertun. Geeignet ist sie auch, wenn aus bereits bestehenden Ideen oder Konzepten neue Ideen entwickelt werden sollen.

Vorgehen:

- Es gelten dieselben Regeln wie beim Brainstorming (vgl. Seite 156).
- Schreiben Sie die Fragestellung auf ein Flipchart und erklären Sie sie, falls nötig.
- Schreiben Sie die erste Idee für das Problem auf, die jemandem einfällt, oder aber eine bestehende Lösung.
  Beispiel: In einem technischen Betrieb wird bisher Wasser aus Behältern ausgeblasen. Nun müssen auch Öle ausgeblasen werden, was mit Druckluft zu Problemen geführt hat. Da Abpumpen nicht möglich ist, wird nach neuen Ideen gesucht.
- Beschreiben Sie das der Idee zugrunde liegende Prinzip.
  Im genannten Beispiel lautet das zugrunde liegende Prinzip »Verdrängung«.
- Suchen Sie nun weitere Ideen, die diesem Prinzip folgen.
  Beispiel: Verdrängung könnte auch erzeugt werden durch Gewicht, z. B. ein Stöpsel schiebt das Öl heraus.
- Suchen Sie nach anderen Prinzipien, z. B. »abfließen lassen«, und generieren Sie auf deren Grundlage weitere Ideen.

Die Ursache in den Mittelpunkt stellen

Beschreibung: Wie bei der Reconciliation schaffen Sie mit dieser Methode die Möglichkeit, unterschiedliche Perspektiven und Sichtweisen gleichberechtigt und nicht als konkurrierend zu behandeln. Wenn es zu heftigen Diskussionen über einen bestimmten Aspekt einer Entscheidung kommt, fällt es leichter, wenn dieser weiter untergliedert wird und Teilaspekte betrachtet werden.

Vorgehen:

- Zerlegen Sie das Entscheidungsthema in seine Hauptbestandteile.
  Beispiel: In einer Kleinstadt wurde im Rahmen des Projekts »bürgernahe Verwaltung« heftig darüber gestritten, ob die öffentliche Bücherei abends bis 21 Uhr offenzuhalten sei. Um das Problem in den Griff zu bekommen, wurde die Frage in die folgenden Teilaspekte gegliedert: Arbeitsrechtliches, Finanzierung, Kundenwünsche, Bereitschaft der Mitarbeiter, städtische Belange, etc.
- Beginnen Sie mit einem der Teilaspekte, z. B. mit der »Bereitschaft der Mitarbeiter«.
- Behandeln Sie diesen Teilaspekt für den Moment wie die zentrale Ursache des Problems. Frage: »Wie beeinflusst dies unsere Sicht des Problems?« Wenn z. B. die »Bereitschaft der Mitarbeiter« als das zentrale Problem gesehen wird, weil die Mehrbelastung hauptsächlich mit Teilzeitkräften nicht zu bewältigen ist, geht es nun darum, Lösungen zu finden, wie diese Mehrbelastung vermieden werden kann. Als Idee wurde z. B. vorgeschlagen, die Bücherei am Montagmorgen geschlossen zu halten, weil sie zu dieser Zeit relativ wenig frequentiert wird.
- So entstehen Teillösungen, die dann in der Composing-Phase kombiniert werden können.

Geisterbahn fahren – Risikoanalyse

Beschreibung: Manchmal überborden Befürchtungen und Ängste und manchmal werden sie unterdrückt bzw. zurückgehalten. Beides ist der Qualität von Entscheidungen abträglich. Mit dieser Methode ermöglichen Sie es den Beteiligten, offen über Risiken und Nachteile oder befürchtete Nachteile zu sprechen, ohne dabei als Schwarzmaler abgestempelt zu werden.

Vorgehen:

- Bitten Sie jeden, über das Problem so nachzudenken, als ob alles, was misslingen könnte, auch tatsächlich misslingt.
- Lassen Sie jedes Mitglied der Gruppe dieses Worst-Case-Szenario beschreiben.
- Ermutigen Sie jeden neuen Sprecher, das zuvor Gesagte weiter zu dramatisieren, bis die Situation wirklich ausweglos erscheint. Sich zu beschweren, zu jammern und absolut hoffnungslos zu sein, ist bei dieser Aktivität nicht nur in Ordnung, sondern sogar Pflicht!
- Wenn der Spaß sich gelegt hat, sammeln Sie gemeinsam die »Figuren« und »Strecken« der so entstandenen »Geisterbahn«. Das können z. B. Argumente und Schreckensszenarien wie die folgenden sein: »Uns werden alle Blaupausen für die neue Fräsmaschine gestohlen. Gleichzeitig haben wir einen Crash unseres Computersystems und stellen fest, dass die Backups nicht gemacht wurden, und der zuständige Entwicklungsleiter geht zur Konkurrenz!«
- Gehen Sie nun die Liste durch (Diebstahl, Systemabsturz, fehlendes Backup, Verlust der Schlüsselperson) und überlegen Sie sich dabei Folgendes:
- Ist dieses Hindernis, dieses Risiko in der Lage, eine Katastrophe auszulösen oder der Umsetzung signifikanten Schaden zuzufügen?
- Wie hoch ist die Wahrscheinlichkeit, dass dies eintreten könnte?
- Welche Bedingungen würden fördern, dass Schaden entsteht bzw. schlimmer wird?
- Was kann getan werden, um dem Hindernis/Risiko zu begegnen?

Analogien und Benchmarking

Beschreibung: Mit dieser Methode erweitern Sie den Horizont der Beteiligten und ermutigen sie, den Blick über den Tellerrand zu wagen.

Oft hat der Leiter die Schlüsselrolle dabei, die Beteiligten zu motivieren, nach neuen Ideen zu suchen. Manche bieten ihren Gruppen bereits mögliche Lösungen an, aber vielen Gruppen ist dieses Ansinnen nicht besonders willkommen. Es besteht im Gegenteil eine hohe Wahrscheinlichkeit, dass die Gruppe solche Vorschläge ablehnt, ohne sie auch nur zu prüfen. Aber es gibt Alternativen: So kann man etwa reale Fallbeispiele, in denen gute Lösungen für schwierige Probleme gefunden wurden, präsentieren und diskutieren lassen. Dies erlaubt es dem Leiter, seine Neutralität beizubehalten, und ermutigt gleichzeitig die Gruppenmitglieder, sich in Richtung tragfähiger Übereinkünfte zu bewegen.

Vorgehen:

- Suchen Sie Fallstudien über oder Fallbeispiele aus Unternehmen, die vor ähnlichen Aufgaben gestanden haben. (Fündig werden Sie hier z. B. bei Fachbüchern und -zeitschriften in Hochschulbibliotheken.)
- Bitten Sie jeden Teilnehmer, ein oder zwei Fälle zu lesen.
- Bilden Sie Zweierteams, die die Fallstudien unter folgenden Fragestellungen diskutieren sollen: Was steckt an neuen Ideen in dem Fall? Was ist nicht übertragbar, was ist bei diesem Fall anders als bei uns? Was würde bei uns funktionieren, wenn wir zunächst den Faktor XY verändern würden?
- Nach 15 Minuten kommen die Zweierteams wieder in der großen Gruppe zusammen und tauschen ihre Einsichten und Ideen aus.

Die »Geht nicht, weil ...«-Methode

Beschreibung: »Das geht nicht, weil [...]« ist eine der beliebtesten Killerphrasen. Nutzen Sie die kritische Energie, die hinter dieser Aussage steckt, um Ideen zu verbessern und weiter zu entwickeln. Ganz nebenbei begegnen Sie so auch Widerständen und Zweifeln auf kreative Weise. Schnellschüsse, einfach hingeworfene, simple Lösungen, werden entweder als solche enttarnt oder so weit verbessert, dass sie wirklich machbar sind. Und dann macht diese Methode erst richtig Spaß.

Vorgehen:

- Teilen Sie ein Flipchart oder eine Pinnwand in fünf Spalten ein.
- Übertragen Sie alle Ideen in die erste Spalte und trennen Sie diese durch einen horizontalen Strich. Achten Sie darauf, dass die Zeilen so groß sind, dass sie mit drei bis vier Zeilen Text gefüllt werden können, auch wenn die Idee nur aus einem Wort besteht.
- Geben Sie der zweiten Spalte den Titel »Geht nicht, weil ...«.
- Die Teilnehmer können jetzt in der zweiten Spalte ihre Bedenken und Zweifel eintragen. Gehen Sie aber vorher mit ihnen diese Regeln durch:
  Einwänden sollte man nicht mit der Umkehrung begegnen. Z. B. »Geht nicht, weil uns das Geld fehlt.« nicht mit »Geht doch, wenn wir das Geld auftreiben können.« kontern. Besser wäre hier: »Geht doch, wenn wir den Bereich X für die Summe Y verkaufen.«
  Es darf und wird auch Einwände geben, für die man keine sinnvolle Entgegnung findet.
- Geben Sie der dritten Spalte nun den Titel »Geht doch, wenn ...«.
- Die Teilnehmer überlegen sich nun, was getan werden kann, damit die jeweilige Idee trotz des Einwands verbessert werden kann.
- Der Zyklus wird so oft wiederholt, bis alle Spalten gefüllt sind.

- Anschließend werden die Ideen modifiziert, sodass die Einwände berücksichtigt und die Ideen trotzdem umgesetzt werden können. Nicht alle Ideen werden den gesamten Zyklus überstehen. Aber die, die es tun, sind substanziell besser.

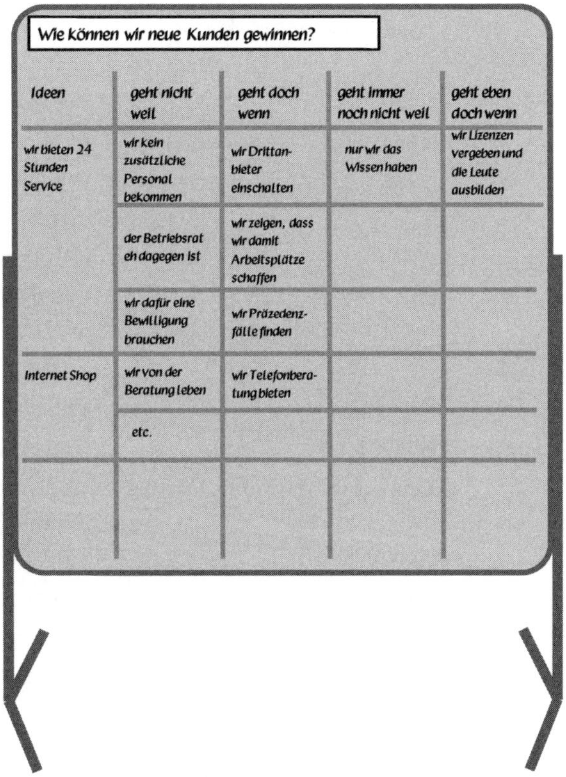

Reframing 1

Beschreibung: Zwei Wege, dasselbe Problem zu betrachten.

Vorgehen:

- Formulieren Sie ein Problem, eine Schwierigkeit.
- Formulieren Sie dieses Problem neu, sodass es zur Chance oder Herausforderung wird. Im Folgenden finden Sie eine Liste mit Beispielen.

Die anderen sind's.	Wir alle sind's.
Es ist ein Problem.	Es ist eine Chance.
Unser Ziel ist unerreichbar.	Wir haben unser Ziel noch nicht in realistische Schritte aufgeteilt.
Unser Produkt wird sich nicht verkaufen.	Wir versuchen, unser Produkt den falschen Leuten zu verkaufen.
Wir haben nicht genug Ressourcen.	Wir verschleudern die Ressourcen, die wir haben.
Wir brauchen mehr Input.	Wir müssen dem Input, den wir bekommen, mehr Aufmerksamkeit schenken.
Unsere Mitarbeiter sind inkompetent.	Unsere Mitarbeiter haben nicht genug Zeit, um einen qualitativ guten Job zu machen.
Wir haben nicht genug Geld.	Wir haben noch nicht herausgefunden, wie wir neue Geldquellen erschließen können.
Wir kommen nicht miteinander aus.	Wir sind keine Verpflichtung eingegangen, unsere Arbeitsweisen aufeinander abzustimmen.
Wir haben in diesem System keine Macht.	Wir haben unseren Einflussbereich in diesem System noch nicht gefunden.
Wir haben nicht genug Zeit, um all diese Dinge zu tun.	Wir müssen entscheiden, was jetzt gleich zu tun ist und was später.

Reframing 2

Beschreibung: Auch mit dieser Form des Reframing können Sie Probleme in einen anderen Rahmen stellen und aus einer anderen Perspektive beleuchten.

Wenn jemand ein Problem lange Zeit in einer bestimmten Art und Weise betrachtet hat, fällt es ihm schwer, das Problem nun auf andere Art zu sehen. Unser Verstand neigt dazu, Spurrillen zu bilden, sich sozusagen in bestimmten Mustern festzufahren. Wenn es um schwierige Probleme geht, so kommen die meisten zu schnellen Schlüssen, weil die Spurrillen ihres Denkens sie dorthin »zwingen«. Man glaubt, man habe schon alle Möglichkeiten erforscht und es sei nutzlos, noch mehr Zeit zu investieren.

Die Chance, das Problem auch völlig anders zu betrachten (reframe = neu fassen, in einen neuen Rahmen stellen) und das eigene Verständnis von der Natur dieses Problems grundlegend zu ändern, stellt für die meisten Menschen einen Paradigmenwechsel dar. Deshalb liegt bei dieser Methode die Hauptherausforderung für den Leiter darin, die Beteiligten dazu zu bringen, ihren anfänglichen Widerstand zu überwinden.

Vorgehen:

- Verteilen Sie Kopien der auf der vorherigen Seite abgebildeten Tabelle (Zwei Wege, dasselbe Problem zu betrachten).
- Diskutieren Sie die Unterschiede zwischen dem zu Anfang präsentierten und dem umformulierten Problem.
- Nach einigen Minuten beginnen Sie, diesen Ansatz auf Ihre Entscheidungssituation zu übertragen. Sammeln Sie die Ausgangsannahmen zur aktuellen Problematik und notieren Sie sie auf einem Flipchart. Bitten Sie dann die Gruppe, Reframings für jede Annahme zu erarbeiten oder zu erfinden. Schreiben Sie alle Ideen und Vorschläge auf.
- Danach diskutieren Sie mit der Gruppe die Implikationen dieser neuen Ideen und Vorschläge: »Wenn wir die Dinge so betrachten, was heißt das dann für mögliche Lösungen?«

3.5 Methoden zur Entscheidungsfindung

Evaluationskriterien klären

Beschreibung: Wenn Sie als Entscheider verschiedene Optionen zu verschiedenen Teilaspekten prüfen müssen, brauchen Sie ein Raster, das es Ihnen erlaubt, die Optionen nach gleichen Kriterien zu prüfen. Dabei geht es weniger um Messbarkeit als vielmehr darum, aus verschiedenen Blickwinkeln, aber mit der gleichen Systematik auf die Optionen zu schauen. Das nachfolgende Raster hilft Ihnen, genau das zu tun.

Vorgehen:

- Erstellen Sie eine Tabelle wie die nachfolgende. Das können sie auf einem DIN-A4-Blatt tun oder auf einem Flipchart.
- Die Blickwinkel (= Überschriften) können von Entscheidung zu Entscheidung variieren. Wir achten allerdings darauf, dass die Überschriften »Zielkriterien«, »Zeitfaktor« und »Ressourcen« immer mit dabei sind, da sie sicherstellen, dass die Beteiligten das Ziel im Fokus behalten und die Entscheidung zeitgerecht und mit den vorhandenen Ressourcen umgesetzt werden kann.
- Wir empfehlen, dass Sie nicht mehr als fünf solcher Blickwinkel/Überschriften verwenden, da die Beurteilung sonst unübersichtlich wird.

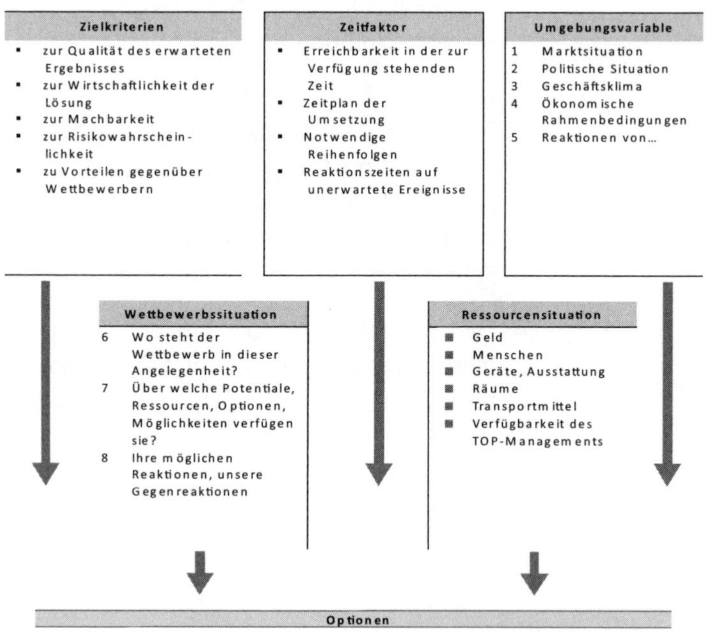

ComTeam Systemmodell

Beschreibung: Das Systemmodell unterstützt Sie dabei, die richtigen Kriterien zu finden, auf die Sie bei der Beurteilung von Optionen achten müssen. Es stellt sicher, dass Sie Ihr Unternehmen bzw. Ihren Bereich systematisch betrachten und alle relevanten Innen-, Außen- und Umfeldvariablen im Blick haben. Gleichzeitig können dadurch Wechselbeziehungen transparent werden: Sie finden heraus, welche Nebenwirkungen und Rückwirkungen möglicherweise die Effektivität von Entscheidungen verstärken oder beeinträchtigen.

Vorgehen:

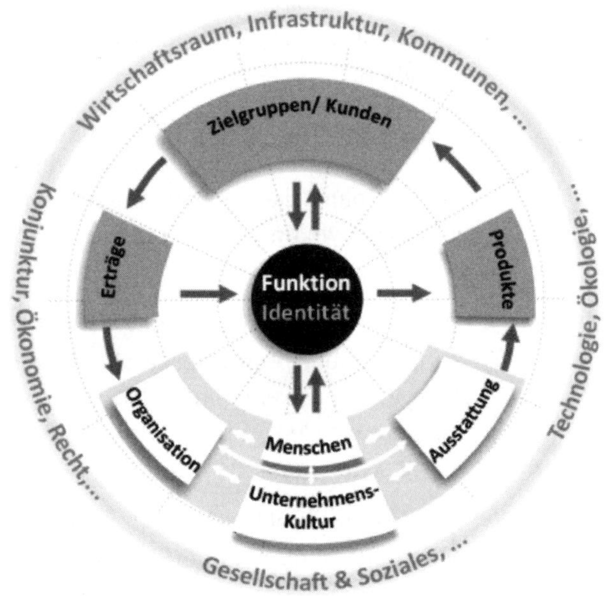

Wie würde sich Ihre Entscheidung auswirken auf die ... ?

Innenvariablen

- Menschen (Fähigkeiten, Interessen, Bereitschaft, Rechte, Bedürfnisse)
- Organisation (Ablauf- und Aufbauorganisation)
- Ausstattung (Räume und Plätze, Werkzeuge, Anlagen, Software, alle Arbeitsmittel und -verfahren)
- Kultur (ungeschriebene Regeln und Gepflogenheiten)
- Funktion/Identität (z. B. Zweck bzw. Selbstbild eines Unternehmensbereichs)

Außenvariablen

- Produkte (Waren oder Dienstleistungen, Beschaffenheit, Qualitätsniveau, Preisniveau)
- Zielgruppen/Kunden (Markt, Marktsegmente, Größen, Durchdringungsgrade, Bekanntheitsgrade)
- Erträge (Höhe der Einnahmen, Fristigkeit, materielle und immaterielle Erträge, Image, Rechte, Gremienmitgliedschaften, etc.)

Umfeldvariablen

- Alle nicht direkt steuerbaren Variablen, die Einfluss auf die Handlungsmöglichkeiten eines Bereichs oder Unternehmens haben.

Stellen Sie sich zunächst die Frage, auf welche Variable Ihre Entscheidung einen relevanten Einfluss haben wird. Schauen Sie sich dann die Nachbarvariablen an und überlegen Sie, ob indirekte Wirkungen im systemischen Verbund wahrscheinlich sind.

Wenn Sie ein Gefühl für die Wirkzentren und ihre Wechselwirkungen haben, dann stellen Sie sich die Frage nach den Kriterien: Wie muss eine Entscheidung aussehen, welche Kriterien muss sie erfüllen, damit erwünschte Wirkungen erzielt und unerwünschte vermieden werden?

Zum Beispiel sollte eine Entscheidung die Arbeitsplätze von Mitarbeitern nicht gefährden, aber deren Tätigkeiten verändern darf sie schon. Flankierend zur eigentlichen Entscheidung in der Sache muss die Kultur, müssen die ungeschriebenen Regeln dahingehend beeinflusst werden, dass es etwa für Tätigkeitsinhalte keine Bestandsgarantie mehr gibt und Flexibilität als neue Tugend gestärkt wird.

Fehlermöglichkeits- und Einfluss-Analyse (FMEA)

Beschreibung: Diese Methode, die vor allem in der Industrie zur kontinuierlichen Qualitätsverbesserung dient und auf die japanische Philosophie des Kaizen zurückgeht, können Sie auch zur Beurteilung komplexer Optionen oder ganzer Lösungsvarianten verwenden.

Vorgehen:

- Halten Sie mögliche Risiken fest. Dazu können Sie ein Formularblatt verwenden oder in einer Tabellenkalkulation (zum Beispiel mit Excel) selbst eines erstellen.
- Definieren Sie die möglichen Folgen für den Fall, dass das Risiko eintritt.
- Beschreiben Sie die möglichen Ursachen des Risikos.
- Zur Bewertung des Risikos schauen Sie auf die Wahrscheinlichkeit seines Eintretens, auf seine Wirkung (Wir groß wird der Schaden sein?) sowie auch auf die Wahrscheinlichkeit, dass das Risiko erkannt wird, bevor es zum eigentlichen Schaden kommt.

Risiko	potentielles Ereignis	Folge	Ursache	Risikobeurteilung				
				Kontrollmaßnahmen	A*	B*	E*	RPZ*
Presse	Negative Schlagzeilen	Rückzug der Partner	falsche, unklare Infromation		7	10	10	[illegible]
Rechtliche Risiken	übersehen von relevanten Bestimmungen	Strafanzeige	ungenügende Abklärung		2	4	10	80
	langes Verfahren behindert den Prozess	Termine können nicht eingehalten werden	Bürokratie		6	6	8	[illegible]

A* ... Auftreten

Wahrscheinlichkeit des Auftretens/Eintretens

unwahrscheinlich	= 1
sehr gering	= 2 - 3
gering	= 4 - 6
mäßig	= 7 - 8
hoch	= 9 -10

B* ... Bedeutung

Auswirkungen

sehr gering	= 1
unbedeutend	= 2 - 3
mäßig	= 4 - 6
groß	= 7 - 8
existentielle Gefährdung	= 9 -10

E* ... Entdeckung

Wahrscheinlichkeit der Entdeckung vor Eintreten

hoch	= 1
mäßig	= 2 - 3
gering	= 4 - 6
sehr gering	= 7 - 8
unwahrscheinlich	= 9 -10

RPZ* ... Risiko-Prioritätszahl

hoch	<= 1000
mittel	<= 250
gering	<= 125
kein	= 1

- Daraus kann für jede Option auch ein grafisches Risikoprofil erstellt werden.

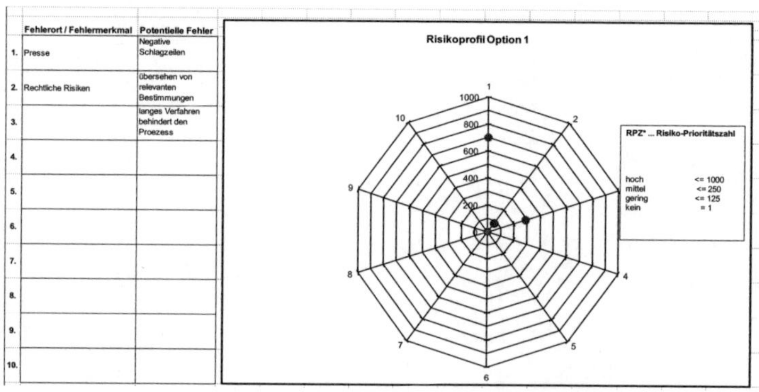

Tipp:

- Im Internet finden Sie zahlreiche Beschreibungen von FMEA und Kaizen (z. B. http://www.fmeainfocentre.com/, http://de.kaizen.com/, http://ch.kaizen.com/).

Öko-Check oder Konsequenzenanalyse

Beschreibung: Wenn Sie eine Entscheidung fällen, so betrifft diese meistens nicht nur die Menschen, die am Entscheidungsprozess beteiligt waren, sondern auch andere Stakeholder. Es besteht deshalb immer das Risiko, dass deren berechtigte Interessen und Anliegen außer Acht gelassen wurden. Mit dem Öko-Check können Sie dieses Risiko minimieren.

Vorgehen:

- Erstellen Sie gemeinsam eine Liste von Personen, die:
  - direkt von der Entscheidung betroffen sein werden,
  - eine letzte Entscheidungsbefugnis haben,
  - die Entscheidung umsetzen müssen,
  - den Prozess sabotieren könnten.

  Nehmen Sie sich ein paar Minuten Zeit, um die Liste zu überprüfen und fragen Sie:
  »Wie hoch ist die Wahrscheinlichkeit, dass die oben genannten Personen mit unserer Entscheidung nicht einverstanden sind? Würde ihr fehlendes Einverständnis die Möglichkeit zur Implementierung beeinflussen?«
- Im nächsten Schritt fragen Sie: »Wer sollte noch hinzugezogen, befragt, informiert werden etc., bevor eine endgültige Entscheidung getroffen wird?«
- Für jede Person oder Personengruppe, die hinzugezogen werden sollte, entscheiden Sie dann, auf welche Art und Weise dies am besten zu geschehen hat.

Ressourcen-Analyse: Können wir das wirklich schaffen?

Beschreibung: Entscheidungen leben von ihrer Umsetzung. Die folgende Methode stellt sicher, dass diese auch gewährleistet wird. Denn es kann vorkommen, dass sich eine Gruppe auf eine Lösung fokussiert, die sich in der Theorie wunderbar anhört, die aber im Hinblick auf die Implementierung nicht ausreichend durchdacht wurde. So ist schon manch große Idee gescheitert.

Vorgehen:

- Lassen Sie die Hauptaufgaben auflisten, die durchgeführt bzw. erledigt werden müssen, wenn der Lösungsvorschlag zum Erfolg kommen soll.
- Lassen Sie zwei bis drei Teilnehmer über jede Aufgabe nachdenken. Einer soll Protokoll führen, ein anderer der Sprecher sein.
- Kleingruppen-Anweisung: »Denken Sie in den nächsten 15 Minuten über die Schritte nach, die notwendig sind, um die Aufgabe zu erfüllen. Strukturieren Sie die Aufgabe in kleine, durchführbare Teilschritte.«
- Wenn die Bearbeitungszeit vorbei ist, kommen alle wieder im Plenum zusammen und berichten aus den Kleingruppen.
- Danach wird diskutiert, ob der Gesamtvorschlag bereits adäquat ist oder noch modifiziert werden muss.

Aktivitätenkatalog

Beschreibung: Viele Gruppen halten Entscheidungsfindung für überflüssig, weil sie gelernt bzw. die Erfahrung gemacht haben, dass so viele Übereinkünfte dann doch nie wirklich in die Tat umgesetzt werden, oder weil sie dadurch der Verbindlichkeit entgehen wollen. Mit dieser Methode stellen Sie sicher, dass die Gruppenmitglieder, schon im Voraus genau in Betracht ziehen, welche Anstrengungen unternommen werden müssen und welche Ressourcen notwendig sind, damit eine Entscheidung wirklich getroffen und umgesetzt werden kann.

Vorgehen:

- Sammeln Sie gemeinsam alle erforderlichen Aktivitäten, zunächst nur das »Was«.
- Wenn Klarheit darüber herrscht, was alles zu tun ist, dann verteilen Sie innerhalb der Gruppe die Zuständigkeiten. Beachten Sie dabei, dass in der »Wer«-Spalte des Aktivitätenkatalogs nur anwesende Personen eingetragen werden dürfen. In der Spalte »Art des Ergebnisses« wird dokumentiert, welches Resultat erwartet wird (z. B. welche Größenordnung oder Reichweite es haben soll).
- Verabreden Sie am Schluss, wie der Aktivitätenkatalog nachgehalten werden soll.

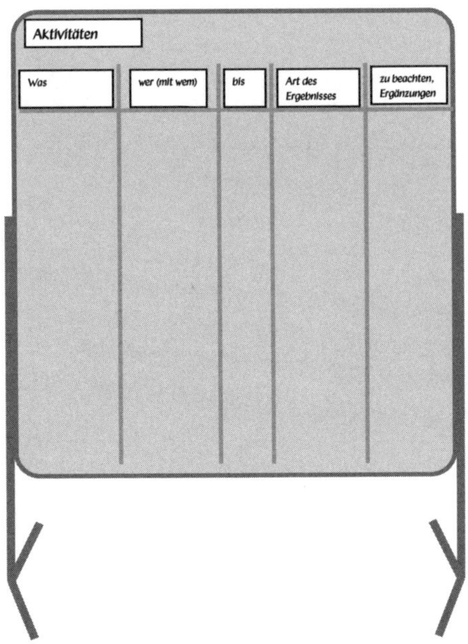

Abbildungsverzeichnis

Literaturverzeichnis

Ariely, Dan, Denken hilft zwar, nützt aber nichts: Warum wir immer wieder unvernünftige Entscheidungen treffen, Doemer/Knaur 2008.

Ariely, Dan, Predictably Irrational: The Hidden Forces That Shape Our Decisions, Harper 2008.

Baofu, Peter, The Future of Post-human Organization: A Preface to a New Theory of Communication, Decision-Making, and Leadership, Cambridge University Press 2009.

Bazerman, Max H., Judgment in Managerial Decision Making, Wiley 2008.

Berns, Gregory S., et al., Neurobiological Correlates of Social Conformity and Independence During Mental Rotation, in: Biological Psychiatry, Volume 58, 2005, S. 245-253.

Bicchieri, Christina, et al., The Dynamics of Norms: Probability, Induction and Decision Theory, Cambridge University Press 2009.

Blakeslee, Sandra, Cells That Read Minds, in: The New York Times, 10. Januar 2006.

Chapman, Gretchen B., Decision Making in Health Care: Theory, Psychology, and Applications, Cambridge University Press 2003.

Damasio, Antonio, Descarte's Error: Emotion, Reason and the Human Brain, Penguin 1995.

Dittfach, Björn, Entscheidungsfindung im Projektmanagement: Kognitionspsychologische Erkenntnisse, Shaker 2006.

Ernst & Young Global Limited, The 2009 Ernst & Young Business Risk Report: The Top 10 Risks for Global Business (online: http://www.ey.com/Publication/vwLUAssets/2009_business_risk_report/$file/2009_business_risk_report.pdf).

Fang, Zhigeng, Grey Game Theory and Its Applications in Economic Decision-Making, Auerbach 2009.

Fisher, Roger/Shapiro, Daniel L., Beyond Reason: Using Emotions as You Negotiate, Penguin 2006.

Fisher, Roger/Ury, William L./Patton Bruce, Getting to Yes: Negotiating Agreement Without Giving In, Penguin 1991.

Gigerenzer, Gerd, et al., Das Einmaleins der Skepsis: Über den richtigen Umgang mit Zahlen und Risiken, Berliner Taschenbuch-Verlag 2004.

Gigerenzer, Gerd, et al., Bauchentscheidungen: Die Intelligenz des Unbewussten und die Macht der Intuition, Bertelsmann 2007.

Gilboa, Itzhak, Theory of Decision under Uncertainty (Econometric Society Monographs), Cambridge University Press 2009.

Glimcher, Paul W., et al., Neuroeconomics: Decision Making and the Brain, Academic Press 2008.

Grüne-Yanoff, Till, et al., Preference Change: Approaches from Philosophy, Economics and Psychology, Springer 2009.

Hamilton, Patrick, Dynaxity, Springer 2006.

Hammond, John S., Smart Choices: A Practical Guide to Making Better Decisions, Broadway 2002.

Harvard Business Essentials, Decision Making, McGraw-Hill 2006.

Hellberg, Bernt-Michael, Entscheidungsfindung bei der Berufswahl: Prozessmodell der Emotionen und Kognitionen, VS-Verlag 2009.

Hüsgen, Matthias, Projektteams: Das Sechs-Ebenen-Modell zur Selbstreflexion im Team – Instrument und Einsatz (Psychologie und Beruf), Vandenhoeck & Ruprecht 2005.

Iacocca, Lee, Mein amerikanischer Traum, Econ Verlag 1988.

Janis, Irving L., Groupthink: Psychological Studies of Policy Decisions and Fiascoes , Houghton Mifflin 1983.

Janis, Irving L./Mann, Leon, Decision Making: A Psychological Analysis of Conflict, Choice and Commitment, The Free Press 1977.

Jørgensen, Hans Henrik/Albrecht, Jörg/Neus, Andreas: Making Change Work: Erfolgsfaktoren für die Einführung von Innovationen, IBM Global Business Services 2007.

Kahneman, Daniel/Tversky, Amos, Prospect Theory: An Analysis of Decision under Risk, in: Econometrica 47, 1979, S. 263-292.

Kaner, Sam, et al., Facilitator's Guide to Participatory Decision-Making, Wiley 2007.

Kostka, Ulrike, Ethisch entscheiden im Team: Ein Leitfaden für soziale Einrichtungen, Lambertus 2009.

Kuhnle, Oliver, Overconfidence und Overoptimism in der finanzwirtschaftlichen Entscheidungsfindung, Dr. Hut 2009.

Labude, Christoph, Wie entscheiden Kunden wirklich? Mit dem Wissen des Neuromarketings zu mehr Erfolg im Vertrieb, Linde 2008.

Laufer, Hartmut, Entscheidungsfindung: Sicher entscheiden – erfolgreich handeln, Cornelsen 2007.

Lehrer, Jonah: The Decisive Moment: How the Brain Makes Up Its Mind, Canongate Books 2009.

Lehrer, Jonah, How We Decide, Houghton Mifflin 2009.

Lehrer, Jonah, Wie wir entscheiden: Das erfolgreiche Zusammenspiel von Kopf und Bauch, Piper 2009.

Lietz, Kai-Jürgen, Das Entscheider-Buch: 15 Entscheidungsfallen und wie man sie vermeidet, Hanser Fachbuch 2007.

Maggi, Benno, Flug LX 14, in: NZZ Folio, August 2009.

Meixner, Oliver, et al., Computergestützte Entscheidungsfindung: Expert Choice und AHP – innovative Werkzeuge zur Lösung komplexer Probleme, Redline 2002.

Merath, Stefan, Der Weg zum erfolgreichen Unternehmer: Wie Sie und Ihr Unternehmen neue Dynamik gewinnen, GABAL 2008.

Miller, George A., The Magical Number Seven, Plus or Minus Two: Some Limits on Our Capacity for Processing Information, in: The Psychological Review, Vol. 63, 1956, S. 81-97.

Müller, Ueli, et. al., Katastrophen als Herausforderung für Verwaltung und Politik: Kontinuitäten und Diskontinuitäten, vdf Hochschulverlag 1997.

Nöllke, Mathias, Entscheidungen treffen: Schnell, sicher, richtig, Haufe 2007.

Nutt, Paul, Handbook of Decision Making (Blackwell Encyclopaedia of Management), Wiley 2009.

Parmigiani, Giovanni, et al., Decision Theory: Principles and Approaches, Wiley 2009.

Perleth, Matthias, et al., Health Technology Assessment: Konzepte, Methoden, Praxis für Wissenschaft und Entscheidungsfindung, MWV Medizinisch Wissenschaftliche Verlagsgesellschaft 2007.

Peterson, Martin, An Introduction to Decision Theory (Cambridge Introductions to Philosophy), Cambridge University Press 2009.

Pokras, Sandy, Systematische Problemlösung und Entscheidungsfindung, Ueberreuter 1999.

Pratt, Jonathan G. M., 'Falling Behind': A Grounded Theory of Uncritical Decision Making, VDM Verlag 2009.

Ruf, Heinz, et al., Zwischen Demokratie und Bürokratie: Strukturen und Prozesse der Entscheidungsfindung in schweizerischen Arbeitnehmerverbänden, Peter Lang 1994.

Säger, Dagmar, Bezahlt um zu entscheiden: Besser unbeliebt führen als unentschlossen leiten, Redline 2005.

Steinke, Johannes Maria, Entscheiden!: Strategien und Methoden aus der Schule der Jesuiten, Herder 2009.

Thaler, Richard H./Sunstein, Cass R., Nudge: Improving Decisions about Health, Wealth, and Happiness, Yale University Press 2008.

Thurnhofer, Hubert, Glaube Hoffnung Management: Entscheidungsfindung in Unternehmen, Books on Demand 2009.

Tierney, William G., The Impact of Culture on Organizational Decision Making: Theory and Practice, Stylus 2008.

Trompenaas, Fons, Business Across Cultures, Capstone/Wiley 2003.

Weirich, Paul, et al., Realistic Decision Theory: Rules for Nonideal Agents in Nonideal Circumstances, Oxford University Press 2004.

Wellens, Hein J. J., The ECC in Emergency Decision Making, Saunders 2005.

Wetterer, Christiane, Die Kunst der richtigen Entscheidung: 40 Methoden, die funktionieren, Murmann Verlag 2005.

Zwygart, Ulrich, Wie entscheiden Sie? Entscheidungsfindung in schwierigen Situationen – mit Fallbeispielen, Haupt 2009.

Über die Autoren

Lorenz S. Forchhammer, Vorstand, ComTeam AG Partner

Jahrgang 1957, sozialwissenschaftlich aus- und weitergebildet, mit Schwerpunkten in Systemischer Beratung und Projektmethoden.
Heute bin ich neben den Vorstandsaufgaben Projektberater, Coach und Führungskräftetrainer, geleitet von der Erfahrung, dass das Erstbeste meistens nicht das Erstklassige ist.

Elke Lorenz, Trainerin und Beraterin, ComTeam AG Partner

Bei ComTeam seit 1988. Studium in Berlin, Zusatzausbildungen in Gestalttherapie, Hypnotherapie und Systemischer Familientherapie in Deutschland und den USA. Fünfzehn Jahre eigene Beratungspraxis in Berlin (HPG), langjährige Erfahrung als Trainerin für verschiedene Organisationen/Unternehmen und als Coach.
Bei meiner Arbeit mit Menschen schätze ich es besonders, dabei zu helfen, die »Grenzen im Kopf« zu verschieben, weil sich dadurch auch neue Möglichkeiten für das Handeln ergeben. Das ist die Hauptlehre meines Lebens bisher, und dies mit Freude, Humor und Respekt zu unterstützen, ist mir wichtig.

Marco Stoll, Geschäftsführer ComTeam Academy & Consulting GmbH, ComTeam AG Partner

Geboren 1959 in Winterthur. Kaufmännische Grundausbildung, BWL-Studium in Zürich, Auslandsaufenthalt in den USA und anschließend vierzehn Jahre in verschiedenen Linien-, Stabs- und Führungsfunktionen in einem globalen Konzern. Seit 1999 bin ich Berater und Trainer für Systemisches Prozessmanagement, Konfliktbewältigung und Mediation, seit 2006 Geschäftsführer der ComTeam Academy & Consulting GmbH, Schweiz, und Partner der ComTeam AG, Gmund.
Die intensive Zusammenarbeit mit Menschen aus verschiedenen Kontinenten prägte meinen Umgang mit kulturellen und persönlichen Grenzen sowie Veränderungen.